天下‧文化
Believe in Reading

做一件
只有
你能做的事

從一個人到一群人，
鮮乳坊用一瓶牛奶改變一個產業

龔建嘉等———口述

謝其濬———著

序

你注定要做一件只有你能做的事

大動物獸醫、鮮乳坊創辦人　**龔建嘉**

「你注定要做一件只有你能做的事。」

這句話是我二〇一五年站上 TED 舞台演講的主題，當時講到我曾照顧過的除役軍犬 Candy 的故事，為了讓她有合理的退休待遇，我對抗上了整個軍方的體制，還記得那天我講到眼眶泛淚。那年，我只是一個小小的阿兵哥，沒有背景，沒有資源，但我心裡很清楚，這是我必須要完成的事情。

每個人的成長背景都不相同，過程中會慢慢形成自己獨特的觀察角度與思考方式，若把那些影響你的重要關鍵字找出來，會是什麼呢？可能是你

的興趣、你曾經做過的一件事情、你的里程碑、你的個性等等，重點是這關鍵字就是你的部分特色，塑造出你看待事情時和別人不一樣的觀點。

相信總會有那麼一件事情，當你看到的時候，內心會感到觸動，而其他人並沒有像你這樣的感受。那一個時刻，就是注定你要做什麼事情的起點，而你一定要做那些事情嗎？能不能不做？當然可以，取決於你個人的選擇，但如果你不做的話，會有一個後果——就是你看到的問題，可能會永遠存在，而你的在乎與感受，也會被浪費。為什麼？因為其他人的角度和立場和你不同，不一定能夠感受到你發現的問題。

回到軍犬 Candy 的故事，在整個軍營當中，因為我負責照顧除役犬，所以和她關係最緊密；我也是少數沒有養過狗的獸醫師（家人會過敏），因此第一次能和狗一起生活一年，特別想要領養的情感油然而生；又因為我有經營部落格的經驗，能夠打開體制外的倡議管道，這一些原因組合起來都是我獨特的關鍵字，促使我有動力挑戰改變體制。透過許多熱心人士的串聯與幫忙，我在一年後成功推動了軍犬除役認養法規，最後雖然她來不及走出軍營，呼吸自由的空氣，但從她以後的軍犬，都可以開放民間認養回歸家庭生活。在這過程中，我真正理解到，沒有什麼事情是不可能的！會

完成這一件事情，是因為我對這件事情的在乎遠遠超過其他人，即使保守

如軍方，在最困難改變的體制之下，都可以鑿出一道光。

幾年後，我成為一位大動物獸醫。我穿著雨鞋，踩在牧場的牛糞上工

作；我坐在酪農家裡的客廳，聽他們訴說整個產業的歷史與與故事。因為大

動物獸醫如同家庭醫師般的角色，讓我有機會觀察到牧場遇到的廠農關係

撕裂，與產銷結構僵化所衍生的問題，我心裡再一次感受到那個觸動——

他們的困境，如果沒有人解決，永遠不會改變。所以這一次，我發起了

「自己的牛奶自己救」，對我所感受的問題，希望多做一些什麼。這也是鮮

乳坊開始的故事。

回想這六年，好像已經過了大半輩子。鮮乳坊成立這段日子，太精彩，

每一天都超乎預期，在這條一片混沌無法想像會怎麼開展的旅途當中，摸

索著生存之路。有人說創業的公司，只有一％能在五年後仍存活。我以前

總是覺得自己不是好運氣的人，抽獎不會抽到我，上課點名卻偏偏都是

我，一直到成立了鮮乳坊，才知道我這輩子所有的運氣都在這裡，遇到了

太多珍貴美好的人事物，極其豐盛。

一直以來，我都在夢想著，要讓鮮乳坊成為一個很不一樣的地方。從群

眾集資開始，有一群「奶粉」無條件開始參與並支持；並透過群眾參與，以「非典型通路」開啟了一條不一樣的路；集資後，酪農陸陸續續參與加入，我們一起協同經營讓牧場更好，讓養牛成為一件值得驕傲的事情；當團隊越來越多人，我們希望每個夥伴都幸福，在公司內部也打造和傳統企業不一樣的制度和環境；想在資本主義的框架之下，找到各方利害相關人的平衡；雖然不知道這個夢能否實現，每一天都在努力的實踐著。

四年前，我們與天下文化開始了記錄鮮乳坊發展歷程的計畫。這本書經歷了好多重要的朋友的幫助，才到你的手中。頌欣姊、腸子都留下了採訪的足跡；謝謝編輯依蒔不放棄的堅持，以及天下文化團隊諸多的支持與幫助；最重要的是感謝其濬，在我們幾乎放棄希望時出現，用專業把所有零散的片段，變成一個完整的篇章。

這是一本有關鮮乳白色革命的書，這是一本和牧場、通路、合作夥伴、奶粉們有關的書。

這是一本和群眾運動、和共同參與、和創業點滴有關的書，希望這也是一本和你有關的書。

我是一個喜歡感受、喜歡觀察的人，對於一些自己無法認同的事情，常

常特別有感。在你的生活當中，無論任何事情，一定有那個你所在意，但卻沒有被重視的事情。艾瑪‧華森（Emma Watson）曾在一場聯合國的演講中說：「If not me, who? if not now, when?」從小到大，各式各樣的事件塑造出獨特的你，也支持著你，去做一件和別人不一樣的事情。這是一個共同參與的世代，每個人都可以為自己所在乎的事做些什麼，讓世界更接近你所想像的。

如果你和我一樣，是一個看起來再平凡不過的人，別害怕，你也可以為自己的產業發聲。從今天開始，去思考、去觀察你身邊發生的問題，無論你是在哪一個產業，看到問題之後，問問自己：「我能怎麼開始做？」

謝謝鮮乳坊所有的夥伴，以及這一路陪伴我們的所有人，因為大家成就了現在的鮮乳坊，如果沒有遇到你們，什麼事情都無法完成。最遺憾的事情，是因為書中篇幅有限，無法讓所有的夥伴故事都在書中完整呈現，但每一個人的故事堆疊起來，才塑造出現在的鮮乳坊。

希望看完此書後，「鮮乳坊」這三個字，能帶給你一種希望，一種改變的力量。

就是現在，你也可以在你的生活當中，發起一場小小的革命。

相信自己，你注定要做一件只有你能做的事！

contents

開場白 ──

從一名
斜槓獸醫說起

乳牛睜大了眼睛向外望去，瞳孔又圓又亮，彷彿黑色鵝卵石，映照著獸醫龔建嘉走進牛舍的身影。

他已經著裝完畢。上半身是藍色獸醫服，下半身是防水褲套、雨鞋。左手戴上了長臂手套，右手掛上了一具超音波儀器。

時間是早上七點半，牧場的晨間擠乳已告一段落。乳牛回到牛舍裡，一字排開，從牛頸夾的空隙中探出頭，正低頭大嚼草料。有些牛隻身上已用紅色顏料做了記號，牠們就是今天龔建嘉要「摸牛」的對象。

獸醫的「摸牛」，就是「直腸觸診」。龔建嘉站在牛隻的後方，左手伸進了牛屁股。透過指間的觸感，可以迅速檢查出子宮、卵巢和血管的變化，再配合超音波儀器，可以判斷乳牛的健康狀況，以及是否懷孕。

乳牛是畜牧動物，牛隻如果不健康，泌乳也會有問題，除了直接影響酪農的生計，也有食安的隱憂。龔建嘉是專門看乳牛的大動物獸醫，這個角色不但守護了乳牛，同時也守護著酪農和消費者。

龔建嘉的另一個身分是鮮乳坊的創辦人。這家年輕的乳品公司，二〇一五年靠著群眾集資崛起，採取「一個牧場一個品牌」的方式，以高於市場行情的價格，向酪農收購生乳，強調「獸醫現場把關」、「嚴選單一牧場」、「無成分調整」、「公平交易」，既能鼓勵優質酪農，消費者也能喝到無混合、最接近天然風味的優質鮮乳。

用時下流行的說法，龔建嘉就是一名「斜槓獸醫」。事實上，兩個身分，同一個使命，都是為了「守護」而存在。龔建嘉透過鮮乳坊，讓獸醫的守護功能獲得放大與延伸，他要以「共好」為核心價值，建立讓夥伴幸福、消費者信任、農民驕傲、動物健康的健全食農生態。

這名個性熱血、內心反骨的斜槓獸醫，該如何完成使命？

熱血獸醫養成史

「你注定要做一件只有你能做的事」。

這位熱血獸醫相信，

成功翻轉了軍中多年陋習。

對抗權威，

為無人聞問的除役軍犬發聲，

他關懷弱勢，

樂此不疲。

為數百隻乳牛直腸觸診、接生、開刀，

寧可在牧場間奔波，

不當主流的狗貓獸醫，

他意外考上獸醫系，

龔建嘉總是選擇最有挑戰的那條路。

在人生的路上，

Chapter (01)

退役犬，
與體制對抗的起點

二〇一三年十月二十八日，龔建嘉看了一部電影，片名是「永不放棄」（*Won't Back Down*）。

這部電影改編自真實的故事，描述兩位母親為了自己的孩子，不惜跟整個教育體制對抗，龔建嘉看得百感交集，回家後，便在個人的部落格上寫了一篇觀後感，他質疑：「你以為大家習慣的事情，就是正確的事情？」

這部電影激發了龔建嘉很深的感觸，因為他當時也在跟體制對抗，進行一場「永不放棄」的實踐。

站在木板、鐵絲、水泥拼拼湊湊的破爛白鐵犬籠前，龔建嘉深深嘆了一

口氣。這是全國唯一的軍犬單位，也是他研究所畢業後，服役的地方。

龔建嘉大學念的是獸醫。入伍前夕，他聽說在部隊中，駕駛兵是個比較悠閒的職位，還特別去考了大客車執照。新訓中心選兵，他如願進了憲兵的特種車輛連，還暗自慶幸應該能當上駕駛兵時，沒想到照顧軍犬的軍犬組，也隸屬於特種車輛連。

之前學長曾耳提面命，選兵時絕不能透露自己是獸醫，否則高機率會被編入軍犬組。龔建嘉鐵齒不信邪，自認獸醫身分沒有什麼好隱瞞，結果就真的被選入了軍犬組。

憲兵的軍犬分隊主要執行元首蒞臨場所時的爆裂物偵測，主要有德國狼犬，以及比利時狼犬。外人以為照顧軍犬是閒差事，只是身處其中才知道，每天要清掃四十坨的大便，刷洗二十四個犬籠犬舍，滿身的屎水、汗水，加上被狗咬的血水，聽到朋友還虧他是「爽兵」，龔建嘉的心情，怎一個幹字了得。

更讓他五味雜陳的，是軍犬的生活環境。由於任務特殊，軍犬組在軍中是個不太受督導的單位，平時乏人問津，外界很難想像，軍犬住的是陰暗潮濕的犬舍，每遇颱風就淹水，甚至還會有毒蛇跑進來。

不僅如此，龔建嘉還發現，軍犬可以獲得的資源很少。即使犬隻的數目增加了，伙食費還是一樣，飼養員除非自掏腰包，否則只能採購便宜一點的飼料，同樣的預算才能買多一點，然而因為品質比較差，犬隻的健康、毛色都會受到影響。

而且軍中並沒有軍犬的醫療中心，醫材、設備都不足，即使龔建嘉身為獸醫，頂多只能做些簡單的外傷處理，遇到軍犬生病時，很難使得上力。如果要送出去治療，因為要多花錢，長官通常不太願意放行。

這件事我不做，以後也不會有人做

當時，整個單位養了二十四隻軍犬，其中有十八隻是現役犬，還有六隻滿八歲的除役犬，而人員的編制不過二十人左右，有龔建嘉這種具有獸醫背景的一般兵，也有完全不會訓練狗的志願役士官、軍官，管教軍犬的方式就是打罵，心情不好就踹狗，因此，本來應該威風八面的軍犬，除了一身皮膚病，心理上也變得膽小驚恐。

比軍犬更悲慘的，是除役的軍犬。軍犬滿八歲除役，等同軍人的退伍。

然而，在當時的軍隊體制中，軍犬被視為軍品，就像是一支槍、一張桌子，而報廢的軍品如果不是銷毀，就是囤放，絕不能流出軍營。除役的軍犬，在軍中就是報廢的軍品，無法銷毀或囤放，處理方式就是關在營區中，等待老死。

龔建嘉在軍中照顧一隻叫作Candy的除役犬，牠是隻乖巧、卻又很有個性的「女生」。龔建嘉花了點時間，才跟Candy培養出感情，Candy對他非常順從，很喜歡跟著他。龔建嘉會帶著Candy一起在操場跑步，基本上這是不被允許的，但是龔建嘉不忍心地整天關在窄仄的空間裡，特別為牠爭取到這項福利。

雖然已經除役，但當時Candy才八歲，好好照顧的話，還有好幾年可以活。然而，跟Candy只有一年緣分的龔建嘉，已經可以預見牠會如何過完一生。他查了很多資料，發現國外的軍犬在除役後，可以開放認養，事實上，在台灣，除役的警犬和緝毒犬，也能開放認養，只有軍犬始終是鐵板一塊。

龔建嘉認為軍方的做法很不合理，於是他利用休假時間，寫了厚厚一本軍犬除役提案，四、五十頁的內容，從軍方、民眾觀感、軍犬等角度，說明

開放除役犬認養，會有什麼好處，連執行的做法也一併提供，然而，他往

上級呈報，卻是石沉大海，得不到任何回應。

龔建嘉不死心，上頭的長官不理，他就再往上呈，一路呈到憲兵指揮

部，還是遭冷處理，最後他考慮打國防部1985申訴專線。龔建嘉很清楚，

打這支電話，等同是替自己找麻煩，因為國防部追究下來，長官遭殃，他

在連上的日子也會很難過，因此除非萬不得已，軍中很少有人會去打這支

電話。

當時單位裡還有五、六名獸醫，有幾位支持龔建嘉，但是他們不敢發

聲，也有幾位對龔建嘉的做法非常不以為然，認為他即將退伍，放了一把

火，拍拍屁股走人，爛攤子留給他們收拾。

但是，龔建嘉知道，這件事他不做，以後也不會有人做。

就在退伍前幾天，龔建嘉打了那支專線。結果，即使上報到國防部，仍

得不到任何實質的回應。一直循著內部管道通報的龔建嘉終於了解，在體

制內是不可能帶來任何改變的。

退伍後，龔建嘉心情仍難以平撫，那晚看了「永不放棄」，又喝了點啤

酒，或許是酒精的影響，他覺得胸中塊壘，不吐不快，在部落格上，洋洋

灑灑寫下千字長文，寫完就去睡了。

一夜之間，這篇文章經過不斷的分享，迅速擴散出去，《自由時報》甚至來電要採訪他，退役犬的收養提案，原本只有他孤軍奮戰，逐漸發酵為社會議題。

軍方的電話也來了，來電的是一個指揮部的上校，不但要求他立刻把文章撤下來，而且不要再去招惹媒體，「你要怎麼改變，我們可以商量，把事情鬧大，我們反而難做事。」對方語帶威脅，龔建嘉堅持一定要看到明確的解決方案，才會撤文。

對方甚至還來到龔建嘉家樓下，要開車載他進指揮部「溝通」，母親擔心兒子會一去不返，希望他不要去，但是龔建嘉相信軍方不會輕舉妄動，於是坐上黑頭車，進了指揮部。

其實，龔建嘉還曾經向台大獸醫系的費昌勇教授提過此事，費教授向來積極推動「動物福利」，他得知軍犬的處境相當震驚，表示願意助龔建嘉一臂之力。

後來，費昌勇除了聯絡中華民國關懷生命協會，也向當時擔任立委的蕭美琴陳情。由於軍犬被視為軍品，在法規上就是無法開放認養，必須從制

度上去改革。

因為有輿論的壓力，相較於之前的態度，軍方似乎是想認真處理除役犬的問題了。二○一二年十月十一日，立委蕭美琴在立法院外交及國防委員會質詢當時的國防部長高華柱，要求對除役軍犬，應仿照國內海關除役犬的方式開放認養，並成立軍犬養老金，高華柱答詢允諾，將會進一步研究，當天委員會也通過相關臨時提案。

原本以為牢不可破的僵化制度，出現了改變的契機。

經過一年多的努力，軍方終於在二○一三年十一月，公告了國防部憲兵指揮部「除役（汰除）犬管理暨認養」實施計畫，並開放認養，第一波就有五隻除役犬開放認養。

沒有改變不了的制度

由於母親有過敏體質，所以龔建嘉家裡一直不能養有毛的寵物，Candy是他人生中第一隻建立深厚情感的狗。退伍後，龔建嘉在台南白河工作，有寬敞的空間可以養狗，他很希望能把Candy認養出來。然而，還沒有等

到認養條令公告，龔建嘉就接到軍方通知，Candy 由於腹腔內嚴重惡性腫瘤蔓延，已經過世了。

這是龔建嘉首次接到軍方「善意」的來電，對方卻又畫蛇添足，告訴他軍犬通常是集體火化，如果龔建嘉願意多付一筆費用，軍方願意為 Candy 獨立火化，再將骨灰留給他。

龔建嘉一聽，心中一把無名火起，「活的時候無法照顧牠，死了拿骨灰有什麼用？」他痛罵對方：「幫狗獨立火化，不是你們該做的嗎？居然開口要我出錢做這件事，你們是不是太愚蠢了？」語畢便掛了電話。

得知噩耗後，龔建嘉心情十分低落，他在部落格寫下了這段文字：「對於外界的世界，她什麼都沒有留下，也什麼都沒有帶走，甚至連眼底的風景都沒有帶走，因為她到最後都不屬於外面的世界，一秒鐘都沒有。就差那麼一小步就會到了，真的真的只有一小步而已。」

除役犬開放認養後，龔建嘉曾經去拜訪過一個成功收養除役犬的家庭，對方是位愛狗的女士，把除役犬當作公主看待，談到狗兒的大小事，都如數家珍，龔建嘉很慶幸，除役犬終於可以離開營區，在外頭找到好的歸宿。

軍犬的管理也有改變，以往沒有獸醫背景，只要被分到軍犬組，都能

與除役軍犬Candy（右二）的美好情誼，成為龔建
嘉（右二）勇於挑戰權威，改變體制的起點。

管軍犬，現在門檻提高了，要有相關專業才能訓練軍犬。像軍犬組後來換了一位士官長，就曾到國外受訓，把正確的訓犬方式帶回台灣，他告訴龔建嘉，短短幾年，軍犬組已經變了一個世界，軍犬的生活環境獲得大幅改善，是之前完全無法想像的事。

龔建嘉最終沒能讓 Candy 呼吸營區外自由的空氣，是他很大的遺憾，然而，這場小蝦米對大鯨魚的抗爭，成功翻轉了軍中陋習，仍為龔建嘉帶來不少啟發。

「制度是人建立起來的，人沒有十全十美，制度也一定有改進的空間，因此，我一直相信，沒有什麼制度是不能改變的，」龔建嘉說：「在所有人為制度中，軍中制度算得上是最難以撼動的，我都可以改變了，給了我很大的信心。」

一開始，他在體制內嘗試改變，成效不彰，反而是後來循體制外的手段，事情才有了轉機，特別是一篇部落格的文章，激發出了輿論的力量，推了除役犬認養制度一把，證明了一個人做不到的事，卻可能透過一群人來完成。

這個反骨、敢於挑戰權威、推動改變的大動物獸醫，是如何養成的？

Chapter 02

第五十六個志願，改變了他的人生

龔建嘉，中興大學獸醫系畢業，大學聯考填志願時，這原本是他第五十六個志願。

朋友都叫他「阿嘉」，一九八五年次，屬牛，台北出生，台北長大，從小是個會念書的孩子，高中考上了建國中學，開學沒多久，躊躇滿志的他，就面臨了震撼教育，第一次數學考試，只拿了二十幾分，對於數學成績從沒低於九十五分的他來說，衝擊很大。

父親從事機械代理，母親是小學老師，因為父系的家族出了好幾個醫師，加上自己喜歡生物，龔建嘉原本也打算未來從醫。不過，身處高手雲集的升學環境，龔建嘉發現自己不管再怎麼念，成績總是吊車尾，升上高二後，他對於自己能否考上醫科，已經不太有信心，於是他就把當時很熱門的生物科技、生命科學，列為主要的目標，獸醫因為跟生物有關，既可

做臨床，也可以從事研究，也是生涯的選項之一。

建中時代的龔建嘉，視野很封閉，認識的學校大多都是耳熟能詳的名校，很少主動去了解其他學校，甚至很多學校的校名，連聽都沒聽過。填寫大學志願卡時，他把台大跟生物相關的科系填完一輪，還剩下許多空白，母親一時心血來潮，就幫他往下填，填到了第五十六個，就是中興大學獸醫系。

放榜時，龔建嘉第一個反應就是要重考，因為他很難接受去念一個過去很陌生，而且志願還不是自己填的學校。

大學九月開學，他八月就進了重考班，念了幾天，其實滿痛苦。後來，他跟國小同學相聚，大家喝點啤酒，聊聊近況，其他人聽說他要重考，感到不可思議，因為中興大學獸醫系也是很好的校系，而且他們拋出一個問題也提醒了龔建嘉：「能不能當上獸醫，最後都取決於獸醫師執照，那麼，從哪個學校畢業，又有什麼差別？」

微醺的龔建嘉一聽，覺得似乎也有道理。本來家人也不認為他需要重考，他回家就跟母親說：「好吧，那我去中興念念看。」

龔建嘉是台北小孩，他對獸醫師工作的想像，也很「都會感」，以狗貓獸

醫為主，而系上同學多數跟他想法相近。當他發現，自己在中興獸醫系都沒辦法念到頂尖，他不禁思考，未來進入競爭激烈的狗貓獸醫市場，自己的角色定位是什麼？

「如果找不到可以貢獻的價值，整個獸醫產業，多一個我，少一個我，又有什麼差別呢？」龔建嘉的內心出現了這樣的聲音，於是，他開始尋找狗貓獸醫之外的可能性。

在獸醫系尋找自己的定位

龔建嘉受的是五年制的獸醫教育，大一到大三學習基礎學科，包括病理學、藥理學、細菌學、病毒學等；大四開始接觸豬病學、牛病學、禽病學等動物別學科；大五一整年在教學醫院實習，上學期在小動物（指貓狗等寵物）內科、小動物外科、野生動物科、大動物（指大型草食動物，如馬、羊、鹿、牛等）及畜牧動物（如牛、豬、雞等）科等不同組別中輪診，下學期則是選一個領域，整學期都在相關單位學習。

另外，大三升大四的暑假，也規定要實習，學生可以任選單位。龔建嘉

大三念野生動物學時，對野生動物很感興趣，暑假的實習就選擇了屏科大的野生動物收容中心。

那個暑假，龔建嘉跟紅毛猩猩、陸龜、馬來熊、獼猴、老虎等形形色色的野生動物為伍，要幫鳥類開刀，固定受傷的斷骨，替大蜥蜴清創，為紅毛猩猩進行健康檢查，每種動物的處置方式都不盡相同，考驗著獸醫師的應變能力和創意。

比方說麻醉。有的野生動物還保留野性，又容易緊張，不可能乖乖任人擺布，醫療之前必須進行麻醉，麻醉一隻鳥、一隻烏龜，或是一隻紅毛猩猩，動用的工具、用藥、劑量，都不會是一樣的。

像紅毛猩猩可以用吹箭麻醉，然而紅毛猩猩很敏感，一發現有吹管接近，牠可能就伸手將管子抽走，然後上演人跟紅毛猩猩拔河的戲碼，如果不小心把吹管折彎，一支上萬塊的吹管就報銷了，紅毛猩猩甚至會故意當著獸醫師的面折彎吹管，挑釁意味十足。

為了轉移紅毛猩猩的注意力，通常得兩人一組，一個人跟牠玩，另一個人趁機出擊，然而吹箭快，紅毛猩猩反應更快，直接空中攔截，好不容易打中了，牠也可能馬上抽掉，一針藥劑要價五、六百塊，折騰個幾針，幾千

塊就泡湯了。

即使紅毛猩猩中槍倒下，人獸鬥智還沒有結束。紅毛猩猩極聰明，牠會假裝被麻醉，如果人類不察，毫無戒心打開籠子，一百多公斤的紅毛猩猩竄跳起來，可不是鬧著玩的，獸醫必須全程掌握紅毛猩猩的狀況，必要時還得補針。

至於蜥蜴，因為皮很厚，無法用吹箭，則是放氣體麻醉。把原本住在鐵籠中的蜥蜴，趕進一個大型的水管中，頭尾封住，然後從水管上方的洞灌麻醉氣體進去。麻醉氣體該放多久，才能達到應有的效果，很不容易拿捏，因為體型不同，所需的麻醉劑量就不同。

而且，爬蟲類動物可以長時間閉氣，還能跟人類比耐性。有一次，龔建嘉以為氣體麻醉時間差不多了，一開門，蜥蜴一溜煙就逃之夭夭，他們花了老半天，還好，最後在一棵樹上找到牠。

選擇一條人少的路

照顧野生動物，過程緊張刺激，充滿了變數，但是能夠跟這麼多種類的

動物打交道，卻也打開了龔建嘉的眼界，他花了很多時間查文獻，並觀摩其他人的做法，學習如何在有限的資源下，發揮創意，達成任務。暑假之後，升上大四，他還是會利用課餘時間去學校的野生動物門診跟診，持續了一年。

遺憾的是，在台灣，野生動物獸醫的就業機會很少，大部分的職缺都在公務機關，而龔建嘉完全沒有當公務員的意願，至於民間的動物園，雖然有一些照顧野生動物的工作，但是名額很少，只要原來的獸醫還沒有退休，就不會有職缺。

龔建嘉終究沒有成為野生動物獸醫，但是他與野生動物為伍的這段歷程，豐富了他對於獸醫這個角色的認知。

根據台灣的現行制度，醫學院的學生除了考醫師執照，還要根據自己選擇的專科，考取專科醫師執照，而獸醫系學生只需要考一張獸醫執照，沒有分科，照理來說，合格的獸醫應該要為每一種動物，提供醫療服務。

然而，現代生活中大家最熟悉的動物，已經不再是農村社會的牛、雞、豬等，而是「伴侶動物」，也就是一般說的「寵物」。寵物中又以狗貓最受關注，很多人對動物醫療的理解也多半停留在狗貓的醫療，來念獸醫系，

一開始就打定主意當狗貓醫師，整個學習重心也擺在狗貓身上，相對缺乏診治其他動物的經驗，對獸醫產業難有全面性的理解，造成其他動物種類的醫療需求失衡，無法得到足夠的資源與照顧，龔建嘉覺得這樣實在很可惜。

「我們叫作獸醫，就是動物的醫師，學習的過程中，本來就應該接觸不同種類的動物，」龔建嘉省思，「而且，當你除了狗貓之外，還有野生動物、畜牧動物、實驗動物等相關經驗，你才能看到獸醫這個產業比較完整的面貌。」

龔建嘉很清楚，整個獸醫產業嚴重資源分配不均，個性反骨的他，不願意跟隨主流腳步，選擇另一條人跡較少的路徑——大動物獸醫。

Chapter (03)

蕭老師，教會他「手心向下」

星期二，是獸醫師蕭火城固定到常青牧場看診的日子。

一九八六年創立的常青牧場，占地約一‧二公頃，飼養牛隻約三百隻。

整座牧場現代化設備完善，泌乳牛、乾乳牛、孕女牛、犢牛分區管理，為了提供牛隻舒適的生活場所，牛舍裝有電風扇降溫，有掃地機器人清潔環境，甚至設有雙刷式刷背機，可以幫助乳牛清潔皮膚，增加舒適感。

拿過神農獎的牧場負責人劉昌仁，是酪農第二代，原本學機械的他，不願見家族經營的牧場後繼無人，因此決定接班。

雖然從小看著父親養牛，一開始親自照顧乳牛，難免還是手忙腳亂，而每週過來幫忙摸牛的蕭火城，已和牧場配合多年，累積了信任感，是他面對乳牛各種疑難雜症時的救星。

「一般的狗貓獸醫就是單次的服務，飼主看完病就走，相較之下，大動物

獸醫提供的是長期的醫療服務，會跟飼主建立很深的關係，對飼主來說，我們不但是獸醫，也是家人，」蕭火城有感而發。

出身農家的蕭火城，是台灣獸醫界的大前輩，經驗橫跨大動物、小動物、中獸醫（以中醫手法進行的動物醫療）等各領域，還是台灣少數的馬獸醫。他跨領域的專業養成，要從一位德國病毒專家說起。

大概在一九七○年代，德國政府基於援外政策，曾經派了兩位專家來台灣擔任客座教授，幫酪農診治乳牛、上課。當時才從台大獸醫系畢業沒多久的蕭火城，應聘成為其中一位德國專家的助教，工作為期四年，帶著對方全台灣跑透透，負責翻譯、溝通。這位德國專家工作極為認真，經常是一早開工，中飯也不吃，一直忙到晚上，蕭火城跟在他身邊，獲益甚多，也奠定了他在大動物領域的基礎。

這位德國專家離開台灣後，蕭火城便留在台大的動物醫院，負責獸醫系學生的診療實習。退休後，為了回饋母校的栽培，他還是會回系上教授大動物外科。某天，在一場研討會上，有名學生走向他：「蕭老師，我以後也想當大動物獸醫。」

這名學生就是龔建嘉。

蕭火城看看他，話說得很直白：「過去，我遇過很多獸醫系的學生，都跟我說想當大動物獸醫，結果做了沒多久，因為吃不了苦，一個個都打了退堂鼓，你真的確定要走這一行嗎？」

即使當下潑了龔建嘉冷水，蕭火城仍然願意給他一個機會。他對龔建嘉說：「我已經從學校退休了，平時在多家牧場之間奔波，沒時間帶你。如果你真心想學，就去買部二手車，我每週二會在楊梅的常青牧場看診，你可以開車下來，在旁邊跟著學。」

常青牧場，就是龔建嘉大動物獸醫生涯的起始點。

對大動物愈來愈感興趣

龔建嘉升上大三時，開始對野生動物感興趣，有機會接觸到野生動物門診，當時也接觸了獸醫產科，由大動物專長的老師授課，開啟了他對大動物的興趣。

大三升大四的暑假，龔建嘉在屏科大野生動物收容中心實習後，體認到野生動物獸醫出路很窄，到了大四時，學習重心就轉移到大動物領域。

現任中興大學獸醫系系主任的陳鵬文教授，是當時教大動物的老師之一，他教學內容扎實，上課風格又非常幽默風趣，上他的課，龔建嘉如沐春風，對大動物也愈來愈感興趣。

另外，龔建嘉在屏科大野生動物收容中心實習時，認識了一位嘉義大學獸醫系的同學，對方知道他對狗貓之外的獸醫項目有興趣，就告訴他，已從台大退休的蕭火城老師接受嘉義大學的聘請，每週六會來為獸醫系的學生上一整天的大動物課程。

於是，龔建嘉每週六就從台中南下，去嘉義大學旁聽蕭老師的課，整整一學期，一堂課都沒有缺席。蕭老師授課也很有趣，經常展示一些牧場上會用到的醫療道具，讓龔建嘉對於大動物獸醫的工作內容，有了更具體的了解。

這是龔建嘉第一次跟蕭老師結緣。當時嘉義大學獸醫系還有夜間部，蕭老師的大動物課，是日、夜間部學生一起上，人數眾多，蕭老師對這名旁聽生並沒有留下太深的印象。

除了老師們的啟發，龔建嘉還因為同學的推薦，開始閱讀獸醫作家吉米·哈利（James Herriot）的《大地之歌》（All Creatures Great and Small）系

列作品，書中描述了他在英國北方鄉間擔任獸醫的點點滴滴，吉米·哈利寫來溫馨又充滿人情趣味，也讓龔建嘉對於大動物獸醫的生涯，心生嚮往。

因此，從大四開始，他就參與大動物出診，地點包括了中興大學畜牧實驗場、東海大學實驗農場、清境農場等。一般人想到牧場工作，印象就是悶、熱、臭，龔建嘉本來就熱愛戶外活動，對於這樣的工作環境絲毫不以為苦，甚至還樂在其中。

獸醫系第五年是實習，上學期是輪診，下學期則選定自己感興趣的領域。每種領域開出的名額不同，像大動物實習只有五個名額，申請的人比較多時，就得根據成績來篩選。大動物實習很快就額滿，對大動物真的感興趣的龔建嘉，順利爭取到了名額，大五下學期都在做大動物實習。

跟牧場有了比較多的接觸後，龔建嘉更確定，相較於野生動物獸醫，大動物獸醫是畜牧產業不可或缺的角色，就職涯來說，會有更多發展機會，加深了他要成為大動物獸醫的決心。

在台灣，常見的畜牧動物，不外是牛、豬、雞，由於豬、雞的個別價值較低，少有飼主願意為單隻動物進行醫療，獸醫主要從事的是群體預防（比方說打預防針），相較之下，牛，特別是乳牛，單價約十到二十萬，

乳牛的健康狀況還會影響產乳量，酪農願意化成本照顧，不論是個別或集體，獸醫可以針對內科、外科做出醫療處置，發揮的空間更多，這也是龔建嘉把重心放在乳牛的主要原因。

為了拜師，選擇台大獸醫所

中興大學畢業後，一心想從事大動物獸醫的龔建嘉，報考了三所大學的研究所，也都上榜了，他卻選擇沒有大動物臨床老師的台大獸醫研究所就讀。這個決定，其實跟蕭火城有關。

之前他去嘉義大學旁聽蕭老師的課，就大為折服。後來他想研究動物針灸，上網一查，發現蕭老師也是針灸高手。如果蕭老師還沒有從台大退休，龔建嘉一定會極力爭取成為他的學生。不過，由於蕭老師退休後，在桃園執業，龔建嘉自忖，台大雖然沒有做大動物臨床的老師，如果回台北念書，藉地緣之便，還是可以請蕭老師安排實習機會，因此選擇了台大獸醫研究所。

就在龔建嘉念碩士班沒多久，藉著研討會的時機，他向蕭老師毛遂自

薦，蕭老師勉為其難給了他一個機會，龔建嘉當然無比珍惜，實習當天，約定時間是早上八點，他六點已經在常青牧場外頭等待。

第一次實習結束後，蕭老師沒多說什麼，只問了龔建嘉：「那麼，下個星期二同一時間？」顯然他的表現已經過關。

龔建嘉在常青牧場實習了幾個月後，蕭老師觀察到他能吃苦耐勞，是真心想從事大動物獸醫，便把其他牧場的出診行程，也開放給龔建嘉。原本龔建嘉得自己開車到牧場，後來蕭老師捨不得他花太多油錢，實習時都是搭蕭老師的車。

在台大獸醫所指導老師的支持下，龔建嘉利用研究室的課餘時間跟著蕭老師實習兩年。他還記得，一開始，蕭老師向酪農介紹他時，還語帶挪揄：「這是龔建嘉，他說他要做大動物獸醫，你們應該看過很多這種人吧？」言下之意，就是認為他跟之前帶過的學生一樣，做不了多久，就會受不了跑掉。

之後，他看到了龔建嘉的投入和好學，介紹他的口氣也不同了……「這是龔建嘉，他想做大動物獸醫，非常優秀，你們要好好照顧、支持他。」

蕭火城不只是嘴巴上說說，他傾囊相授，包括幫大動物針灸的絕學，也

教給了龔建嘉，除了酪農的牧場之外，一般獸醫難得其門而入的馬場，也是蕭火城為他打開了大門。

獸醫在馬場經常要處理馬匹的運動傷害，而馬匹的運動傷害，則主要來自騎乘的觀念。為了了解如何正確騎乘，龔建嘉在馬場以醫療服務換學費的方式，學會了騎馬，蕭火城還送了他一套馬術專用的綁腿。

進入馬場的多半是政商名流，跟酪農的牧場是兩個世界。不論是馬場或牧場，龔建嘉的工作表現都獲得肯定，甚至有北部的知名馬場想網羅他，等他當完兵回來，就可以到馬場上班。

馬場或牧場？兩個世界都有迷人之處，讓龔建嘉做出選擇的關鍵，不是馬也不是牛，而是「人」。

獸醫診療的是動物，然而，真正服務的對象還是人。馬的飼主大多是律師、醫師、企業家，一般來說社會地位較高，而牛的飼主是農民，相較之下，更加真誠而單純。

因此，來自「天龍國」的龔建嘉，選擇他相處起來最舒服的農民，在乳牛的牧場找到了歸屬感。

追隨恩師，當個「手心向下」的獸醫

這天早上，龔建嘉工作的地點，是幸運兒牧場。

當他「摸牛」時，跟在他身邊核對牛隻狀況的年輕男子，是牧場第二代陳品至，畜牧科系畢業的他，已經陸續接手牧場的工作，最近乳牛的配種也是由他負責。

摸牛接近尾聲時，他們停在一隻前腿有包紮的乳牛身邊討論，這隻牛罹患過蜂窩性組織炎，陳品至把傷口照顧得還不錯，龔建嘉摸摸乳牛的腿，發現腿傷已逐漸恢復中。

完成工作後，牧場女主人吳碧莉招呼龔建嘉去廚房吃早餐。這天她準備了乾拌麵、豆腐湯，牧場主人陳界全還幫大家泡了咖啡。吃完早點，大家轉移陣地，到客廳去泡茶。

「大哥，品至很棒，這次配種是全壘打。」

「啊，就之前配種配得不好，被老爸念了，果然有念有差，」吳碧莉笑著吐槽兒子，不過，語氣聽得出還是很開心。

向來不多話的陳界全，聽到兒子被稱讚，只是氣定神閒的為龔建嘉空掉

的杯子再斟滿茶。在工作的空檔中，跟酪農閒話家常，是龔建嘉身為大動物獸醫，最樂在其中的時光。

龔建嘉跟酪農形同一家人，同憂同樂，來自蕭火城的「身教」。

平時，酪農家裡有活動，都會找蕭火城參加；酪農家中有長輩生病住院，對病情有疑問，不去問主治醫師，而是來找蕭火城；酪農夫妻吵架，老婆要離家出走，老公打電話請蕭火城勸和。

「從蕭老師身上，我發現大動物獸醫，不只是獸醫，也是這些酪農的家庭醫師，」龔建嘉強調。

他從蕭火城身上學到的另一件事，就是「手心向下」。從事大動物獸醫，藉專業之便，向酪農收取高額的診療費，或是賣飼料、營養品，都不是難事，但是蕭火城用他的專業來幫助酪農，是資源的給予者，而非利益的索取者，耳濡目染之下，龔建嘉也以照顧酪農做為工作的核心價值，因而有了後來的鮮乳坊。

為了幫助長期在產銷制度下，遭受不平等對待的酪農，除了獸醫的專業，龔建嘉又找到了另一個讓力量加乘的利器，那就是「群眾集資」。

Chapter ④

集資環島，一趟不一樣的旅行

鏡頭前，三個大男生一字排開，中間坐的是龔建嘉，左邊穿著深色T恤，戴著格紋帽的是雷皓明，右邊穿著白T恤，套著淺色襯衫的是陳奕帆。

他們是小學同學，在校時就是三劍客，畢業後仍持續著好交情。三人後來各有不同的生涯發展，龔建嘉是獸醫，雷皓明是律師，陳奕帆則從事活動企劃。

二○○六年，一部電影「練習曲」，帶動了台灣單車環島的風潮，兩年後，又有部落客「蛙大」將單車環島的歷程，寫成《島內出走》一書，單車環島成了年輕世代揮灑青春的熱血宣言。

二○一二年，龔建嘉從軍中退伍，看過《島內出走》，他想找兩個死黨當旅伴，一起去環島。

當時，龔建嘉還沒踏入職場，時間比較充裕，一般的環島行程大概十到

十二天，他想環島一個月，也不願意只是走馬看花，到此一遊，他希望自己的環島，可以有點不一樣的意義。

一開始，他並沒有具體的想法，直到他看到一份統計資料，全台動物醫院約有九百六十一家，台北市就有兩百三十二家，加上新北市的兩百二十三家，幾乎占掉了一半，高雄市有一百四十二家，台中市有一百二十一家，其他如花蓮市、花蓮縣、嘉義縣、南投縣等，都是個位數，台東縣甚至還掛零，顯見獸醫資源分布相當不均。在偏鄉地區，如果動物生病了，通常找不到管道進行醫療，更不要說有獸醫跟民眾對話，傳授動物飲食與相關的保健常識。

龔建嘉大學時曾經參加過世界聯合保護動物協會，從事ＴＮＲ（Trap Neuter Return，即「誘捕、結紮、回置」），他福至心靈，想在環島的同時，在獸醫資源缺乏的地區為流浪犬結紮。

構想雖好，卻有個問題──為流浪犬開刀結紮，屬於醫療行為，根據法令，獸醫師要執業，除了要獸醫執照，還需要執業執照，而執業執照有區域之分，如果執業執照掛在台北，卻要到高雄執業，必須事先跟當地的獸醫師公會或地方政府報備。想在環島的同時為流浪犬結紮，不只各縣市都

得報備一輪，十分麻煩，而且旅行的過程中，行程隨時可能變動，時間、地點、實際從事的醫療行為，都很難事先預估，並完全照表操課。

經過雷皓明協助確認，環島TNR的確可能踩到法律的紅線，因此改為環島衛教或諮詢，而雷皓明也想在偏鄉地區提供法律扶助，於是獸醫（Vet）加律師（Law）所組成的「肥肉青年（Vet Law）環島志工服務種子團」正式誕生。

結合社會參與和群眾集資的環島

相較於一般的單車環島，「肥肉」三人組的「島內出走」，除了有笑聲、汗水，還有兩個比較不一樣的特點：

首先，三人將自身專業結合社會參與，做為旅程的主軸。行前他們先跟偏鄉地區的學校、動保社團、教會聯絡，甚至還請鄉公所發布消息，告知在地居民會有一位獸醫和一位律師來此造訪，如果家中有動物，想請獸醫看看，就可以帶來活動中心。

三人組一個月的環島行程，花了許多時間探索偏鄉。有一站，他們造訪

了雲林的獸醫師，透過對方的牽線，跟雲林科技大學的汪汪社進行交流，暢談流浪動物的問題；還有一站，他們去了位於台南市的東原國中，這是一所住宿型的專長學校，培養了相當傑出的籃球隊、舉重隊、跆拳道隊、高爾夫球隊、鼓隊等。龔建嘉一行人跟著舉重隊選手一起睡大通鋪，還在校長的安排下，跟國三的同學分享個人職涯發展的心得，為這些平日鮮少有機會接觸外界的孩子，提供生涯規劃的參考。

環島的過程中，龔建嘉正好遇到了一個巡迴幫流浪動物結紮的TNR團隊，他也下去幫忙，不過，為了避免觸犯法規，加上團隊本身有固定的作業流程，龔建嘉並沒有親自操刀，而是從旁協助，像是幫忙剃毛，多少也算是達成了當初規劃環島時的心願。

這趟行程的另一個特點，就是他們嘗試以群眾集資，來籌措旅費。

即使吃、住都走省錢路線，三個人環島一個月，仍需要一筆不少的旅費，龔建嘉當時才剛退伍，身上沒什麼錢，難免擔心旅費不足。由於雷皓明有個朋友在做群眾集資平台，就提議：「那我們來試試群眾集資？」

當時，在台灣，群眾集資才剛興起，知名群募平台如 Flying V、嘖嘖，還成立不到半年，算是相當新鮮，出於好玩的心情，就在 Flying V 上，弄了

一個群眾集資的提案。

旅伴之一的陳奕帆手上有部 Canon 550D 單眼相機，正好用來拍影片。因為資源有限，拍攝手法也很簡單，就是三個大男孩排排坐，對著鏡頭說明他們的訴求，搭配真情流露的文案，整個提案看起來，倒也有模有樣。

一開始設定的集資目標是三萬元，最後募集到三萬兩千五百五十六元。贊助者一共有二十五位，由於贊助者為匿名，龔建嘉猜想應該還是以親朋好友為主，多數選擇了一百元的單純贊助，不過，也有人贊助了八千塊，卻不要求任何回饋，鼓勵的意味濃厚。

回頭看當年的集資影片，三個男孩一臉青澀，卻也展現了想要改變世界的熱血性格。「我們要做的事情很小，但是希望造成的漣漪很大，我們要用自己的所學，來縮短一點點台灣的城鄉差距。我們將帶著大家的支持，散布給所有需要的人。」集資影片最後的幾句話，是龔建嘉的青春宣言，難能可貴的是，這份使命感至今仍流淌在他的血液之中。

龔建嘉初次體驗群眾集資，在沒有動用太多資源的前提下，結果還算不錯。二○一五年，他再度登上 Flying V，這一次，他有了一個新的主題。

牛奶。

Part

2

自己的牛奶自己救

台灣的乳品產業長期為大廠壟斷，
產銷制度失衡，
優質酪農無法獲得應有回饋，
大廠統一收購乳源再混合處理，
對消費者也有食安的隱憂。
一場食安風暴，
成為乳品產業改革的契機。
鮮乳坊靠著群眾集資崛起，
要帶給酪農和消費者不同的選擇。
三個沒有經營企業經驗的年輕人，
他們要如何從創業的修羅場中，
完成「自己的牛奶自己救」的使命？

Chapter (05)

牛奶革命來了

退伍後，龔建嘉移居台南白河，開始大動物獸醫師的職業生涯。當時他任職於一家乳牛營養品公司「春榖」。因為工作所需，全台灣約有五百家牧場，龔建嘉就跑了三百多家。

他在「春榖」勝任愉快，工作內容主要是為各地使用營養品的牧場提供售後服務，在醫療方面比較無法好好照顧每一家牧場。因此，工作兩年後，他搬到雲林虎尾，當起獨立巡診獸醫，最多曾經在同一時期為三十家牧場提供醫療服務，包括內科、外科等診療內容。酪農的辛苦，以及面對大乳品公司的弱勢，乳品產業的各種問題，他比誰都清楚。

當時台灣的牛奶市場，前三大乳品公司大約占了八成。主要做法是從全台各地牧場收購生乳後，進行「標準化」加工，確保產品的風味與品質一致，再銷售到市場。消費者買到的，是混合了多家乳源的鮮乳。

標準化加工，並不是不好，是為了讓不同季節生產、來自不同牧場的

生乳，在大量生產的條件下，一年三百六十五天都能維持產品穩定性的做法。然而，卻會改變生乳的天然風味，更因為不同牧場飼養狀況不同，生乳品質良莠不齊，全部混合在一起，對消費者來說，更會無法追溯手上這瓶鮮奶真實來源的隱憂。

產銷的機制在接近壟斷的現況下，乳品廠幾十年來都以「齊頭式」價格收購生乳，也就是講究飼養條件、生乳品質較佳的牧場，和飼養環境較差、生乳品質一般的牧場，酪農得到的報酬沒有太大的差異，更因為收購方的強勢，酪農和乳品工廠的對話空間非常有限，很難為自己爭取權益。

而產銷機制的缺點，影響到的不只是辛勤的酪農，也會影響到消費者──反正最終都是要「標準化」，反正牛隻養得再好，還是賣差不多的價錢，在現實的壓力下，牛隻的福利和生乳的品質似乎就沒那麼重要了。

二〇一四年，劣質油品事件爆發，消費者群起抵制某家鮮乳龍頭大廠，某天晚上，龔建嘉人坐在虎尾麵店吃晚餐，店內的電視播報著相關新聞，看得他五味雜陳。

看著 Line 群組中酪農們難掩焦慮的對話，身為與他們同休共戚的大動物獸醫，龔建嘉不禁思索：「我能不能為他們做點什麼？」

捨不得酪農沒有被好好的對待，龔建嘉決定發起牛奶革命，改變被大廠壟斷的乳品產銷體制。

他想成立一個平台，做為消費者和酪農的橋梁，協助小農成立自有品牌，將成分無調整、高品質的鮮乳，交到顧客的手中。

當時，個性好學的他，為了充實自己，報名了ALPHA Camp的網路行銷課程，人在南部工作，仍每個週六趕回台北上課。在十週的課程中，龔建嘉除了學到行銷觀念，也實際操作了臉書廣告投放，以及Google關鍵字搜尋。上這門課的學員，每個人還需要提案，然後透過投票，選出三個提案來進行演練。

在ALPHA Camp，龔建嘉首次拋出了「鮮乳坊」的概念，他還帶來當天在牧場生產、尚未滅菌的生乳提供試飲，沒想到，同學反應相當熱烈，紛紛投票支持他的提案。提案通過後，龔建嘉和其他學員組成四人團隊，架設網站，建立粉絲專頁，開始宣導獸醫師把關、小農直送等理念，結果蒐集到了約三千個電子郵件，在ALPHA Camp創下紀錄，因為過去最多大概是兩百多個。

課程結束後，團隊就散了，因為大家本來就是因為上課才聚集在一起，龔建嘉並不感到意外。不過，他認為，有近三千個電子郵件做為基礎，這個提案仍大有可為，接下來就是要找到啟動的方法。

之前為了單車環島，龔建嘉在 Flying V 做了群眾集資，他的確考慮過這個方式，不過，他也很清楚，要做群眾集資，必須設計文案、影片，以及各種回饋方案，繁瑣的細節勢必會占去他很多當獸醫的時間，所以他一開始並沒有積極朝群眾集資去投石問路。

不過，《牧羊少年奇幻之旅》（*El Alquimista*）中的名言：「當你真心渴望某樣東西時，整個宇宙都會聯合起來幫助你完成。」就在龔建嘉身上發生了。

「摸牛」少年奇幻之旅

龔建嘉之前環島時合作過的 Flying V，團隊發現了鮮乳坊的粉絲專頁，約有五千多名粉絲，就私訊龔建嘉，問他願不願意上 Flying V，促成了雙方第二次合作。

龔建嘉原本就認識 Flying V 的創業團隊成員，其中有一位林大涵，之後自立門戶，創辦了另一個群眾集資顧問公司「貝殼放大」。龔建嘉決定要上 Flying V 做集資提案後，前置作業中有一項問卷調查，便找林大涵幫忙。由於問卷調查的反應很好，給了龔建嘉更多信心。

比較困難的是影片。龔建嘉之前做「肥肉環島」提案時，沒找專業人士，三劍客自己拍，拍得很陽春，然而，到了要拍鮮乳坊的集資影片，龔建嘉居然找到了資深的電視劇導演來幫忙。

原來，資深導演王小棣成立的「稻田電影工作室」曾經拍過一齣偶像劇「長不大的爸爸」，劇情就是描述一名乳牛獸醫接下牧場，成立小農品牌的故事，製作團隊訪談了好幾位乳牛獸醫，做為編劇內容的參考，龔建嘉是其中之一，而他也因此認識了製作人安哲毅和導演徐東翔。

龔建嘉告訴徐東翔，自己要集資賣牛奶，徐東翔很訝異，沒想到戲劇裡的情節，居然在現實中上演，就承諾龔建嘉，要幫忙他拍影片。專業導演拍片不馬虎，從人力、設備都不便宜，龔建嘉問他費用怎麼算，徐東翔很坦率告訴他：「如果真的要付，你應該付不起，就當作是我幫你一個忙。」

當文案、影片陸續備妥，還有一關——得設計回饋方案，除了尋求贊助，還有一個重要的目的，就是先找到消費者。

「牛奶是批量生產，一次就需要兩噸，也就是兩千罐牛奶，」龔建嘉解釋：「但牛奶保存期限只有十天，如果不做群眾集資，我還不知道消費者在哪裡，牛奶就已經過期了。」

回饋方案鼓勵消費者訂牛奶，從一個月、三個月，到半年、一年，透過預訂的量，鮮乳坊便能每週固定生產牛奶，形成一個可以長期運作的商業模式，而不只是單次性的活動。因此，在回饋方案中，他提供不同的訂購選項，而群眾付的錢形同「預購款」，至於每種選項如何定價，還得更精確的計算成本。

牛奶需要冷藏配送，成本比較高，一定得事先評估清楚。龔建嘉去請教有生鮮機車配送的「厚生市集」。厚生市集創辦人張駿極坦言，沒有明確的配送地點、區域，以及材積的設計方式，實在很難估算成本。不過，即使資訊極其有限，龔建嘉還是設計出幾種回饋方案。

從事群眾集資，還必須設定目標金額。你達標了，甚至還超過了目標，才能拿到全部的贊助款，不過平台會抽一定百分比的費用；如果沒有達標，你不必付平台費用，但是贊助款必須全數退還給贊助者，你一毛錢都拿不到。

龔建嘉那時已掌握三千個電子郵件的名單，他保守估計只會有五分之一的人贊助，再乘以預設的客單價，大概抓出一百萬的目標金額。

由於集資還需要一個具體的訴求，龔建嘉就從配送物流成本高昂切入，

以集資購置冷藏車，做為改變牛奶產業的起始點。

在這次的集資提案中，也出現了鮮乳坊第一版的 logo，設計師洪和悅那時候剛從學校畢業，非常有熱忱，而且對日本的牛奶包裝很感興趣，之前他是從臉書的粉絲專頁得知鮮乳坊，就主動提議要幫忙設計 logo，龔建嘉欣然接受。

鮮乳坊的 logo 經過幾次演化，最大的改變是乳牛身上的斑點，從原本單純的黑點，後來是以台灣的形狀呈現，更強化在地的概念，而且臉上也多了表情。

自從決定上群眾集資平台，龔建嘉就不斷有貴人相助，因為眾人之力，一場牛奶革命，就要開始發動。

再度挑戰，難以撼動的體制

吉他配樂如晨霧漫開，畫面從牧場的一角展開，溫暖的曉光中，穿著藍色獸醫服的龔建嘉走進了牧場，開始大動物獸醫的例行工作。

畫面中央浮現了字幕：「這是一個沒有假期的工作，就像照顧小孩一樣，

全年三百六十五天無休，隨時準備應付緊急狀況。在食品安全引爆全國疑慮時，民眾紛紛抵制購買鮮乳。信任被破壞，就在彈指之間，酪農卻是最無辜的受害者。但是新的一年已經開始，二○一五年我們將擁有一個改變的機會。」

接下來，龔建嘉對著鏡頭，侃侃談起牛奶市場機制失衡，對消費者、酪農都不公平，「因此，我想以一個大動物獸醫師的身分，來建立一個公平貿易的鮮奶平台，讓酪農能夠有合理的利潤。」

二○一五年一月三十日，這支「自己的牛奶自己救」的群眾集資影片上線，一開始勢如破竹，三天就達到目標金額，是 Flying V 成立以來，在最短時間就達到一百萬門檻的集資案。

當時，龔建嘉還在參加讀書會，成員中有報社記者，鮮乳坊的集資案因此獲得媒體的曝光，在輿論的推波助瀾下，前兩週的成長曲線拉得非常高，之後稍微掉下來一點點，不過每天仍有幾萬塊的贊助款湧入，最後幾天，曲線再度飆高，畫下了完美的句點。

龔建嘉是個正向思考的人。當初他在軍中推動除役犬認養，同梯的隊友問他：「你有想過成功的機率有多少嗎？」他的回答是沒有，他做一件事很

少會先去想失敗的可能性。

鮮乳坊的集資案，龔建嘉也始終當作一定會成功的事情去進行。「我非常討厭浪費時間，如果我預期事情會失敗，代表會白忙一場，就不會全心投入了，所以我的原則就是，一旦決定要做，就根本不去想會不會失敗。」

然而，當集資的金額衝到兩、三百萬時，龔建嘉突然意識到，自己承擔了很多人的期待，壓力便隨之而來，但是他已經無法回頭，只能繼續前進。

「我原本對生活的想像，就是在牧場裡工作，跟酪農維持良好關係，工作完成後，就到咖啡廳看書，很愜意的生活，做鮮乳坊這件事，會完全改變我的生活型態，」龔建嘉坦承，當時他的心情其實是憂喜參半。

鮮乳坊首次群眾集資，便募集到六百多萬元，贊助人數近五千人，雖是一場勝利，這也代表龔建嘉必須完成他的承諾。此時，牧場、加工廠其實都還沒有著落，預告的配送日則一天天逼近。

挑戰才正要開始。

Chapter (06)

蝙蝠俠： 噓聲阻止不了的決心

二○一五年三月三十一日，鮮乳坊的群眾集資結束，五月十八日，第一批牛奶開始配送。

牛奶的生產、加工、套標、配送，所有的流程，幾乎是一個半月內搞定，事後回想起來，龔建嘉自己也覺得不可思議。

其實，大概在集資金額到了兩、三百萬時，龔建嘉知道箭已上弦，必須展開前置作業，就在三月五日成立了公司，讓群眾集資的這筆錢進入公司戶頭，正式成為鮮乳坊的營運金。從法律上來說，就算募款進入龔建嘉的個人戶頭，也沒有任何問題，他選擇在集資結束前就成立公司，目的是讓

鮮乳坊的金流透明化，讓參與集資的支持者能放心。

同時，他也開始尋找可以配合的牧場和加工廠。位於彰化福興鄉的豐樂牧場是鮮乳坊第一個合作牧場。龔建嘉大學時代就認識牧場負責人黃常禎，畢業後他自立門戶，也一直為豐樂提供獸醫服務，彼此已建立了很深的信任，而且豐樂也有意願做品牌，在豐樂的支持下，乳源的問題迎刃而解。

至於找加工廠，並不順利。在鮮乳坊之前，群眾集資多集中於科技產品、文創商品、農業產品的客單價較低，季節的波動性高，過去很少有集資成功的案例，鮮乳坊各項配套還未具體成形，就透過群眾集資一炮而紅，獲得媒體的關注，卻也引發了質疑，擔心他是不是藉機會吸金。業界開始流傳一些耳語，要大家提防龔建嘉。

他原本已經找到某家乳品廠願意和他合作，對方臨時跟他說抱歉，坦承受到了一些壓力，沒辦法幫他代工。沒有人為生乳加工，就無法出貨，眼看著就要開天窗了，又有貴人出手相助。

當時，已經有不少媒體在報導龔建嘉要幫助酪農的故事，全國農會的總幹事張永成看到了報導，頗受感動，他認為農會是服務農民的組織，鮮乳

坊要做幫助農民的事，農會應該要支持，就指示農會所設立的台農鮮乳廠去聯絡龔建嘉，看看有無可以提供協助之處。起初聯絡不是很順利，對方花了點時間才找到他，接到電話時，龔建嘉差點沒感動到哭出來，找不到加工廠的危機，終於解除警報了。

鮮乳坊一開始沒有自己的辦公室，只是在時代基金會的「共同工作空間」（Co-working Space）租了兩個位子，主要是給負責內勤的共同創辦人林曉灣，和另一位客服夥伴柯智元使用。沒多久，公司搬到八德路上的台北社企大樓，辦公室在三樓，透過厚生市集的介紹，借了二樓勝利廚房的冷藏庫，約五坪大，做為倉儲之用。

每次進貨時，都得把沉甸甸的牛奶放在拖車上，用電梯運到二樓，冷藏庫是４℃低溫，在裡頭工作時，還得穿著大衣。因為冷藏庫也要安排人力，負責把每箱約二十公斤的牛奶，一箱箱疊高。

配送之前得先包裝。包裝的程序很繁瑣，牛奶要先套標，放進可以避免失溫的舒服多袋，袋中加入一片保冷劑，再套一層塑膠袋。由於配送車大概八、九點會到，一定要趕在車子抵達之前，完成包裝。然而，保冷劑時效有限，還不能提早作業，因此每次包裝，大概都是從早上六、七點開始，所

有人都得進冷藏庫幫忙，一路跟時間賽跑。

當時，林曉灣幾乎是以辦公室為家，收訂單、接客服，工作到很晚，索性就睡在辦公室，第二天一早又得爬起來包裝牛奶，焚膏繼晷推動每天的營運。

鮮乳坊的配送，一般訂戶是由找厚生市集配合，主要以機車宅配，至於店家通路，則是找來兼職人員擔任「奶哥」，駕駛冷藏車配送，人手不足時，除了公司成員，甚至連親朋好友，也一起加入送貨的行列。

另一位共同創辦人郭哲佑，早期也經常支援送貨。有一次，是個風雨交加的颱風夜，當時公司已搬到新莊化成路，冷藏庫設在一樓，二樓是辦公室，三樓則是放紙箱等物材的倉庫。因為擔心倉庫淹水，他和幾個同事留守公司，隨時注意一樓的狀況。到了凌晨三、四點，才發現三樓漏水，紙箱都濕了，一群人手忙腳亂，好不容易天亮了，雨勢稍歇，正打算補個眠，此時某商場通路的採購來電，要求鮮乳坊送貨，郭哲佑只好硬著頭皮，開著冷藏車，送牛奶過去。

一夜風雨肆虐後的街道，沿途都是頹倒的路樹、吹落的招牌，郭哲佑操作著不熟悉的手排車系統，一路心驚肉跳，覺得自己真是玩命搏業績。

而龔建嘉在創立鮮乳坊後，工作重心還是放在雲林，平日仍跑牧場當獸醫，週間會安排兩天回台北，除了跟同事開會，也會一起幫忙包裝牛奶。

他每週兩地奔波，不以為苦，只因他自許要成為守護酪農的蝙蝠俠。

當龔建嘉決心去做一件事時，即使困難重重，他還是堅持到底，甚至愈挫愈勇，唯一會打擊他的，是「自己人」的不支持。

噓聲阻止不了他的決心

他成立鮮乳坊，起心動念就是幫忙酪農。然而，也有業界的人認為他獸醫不好好當，越界去賣牛奶，簡直不務正業。像他有位同為乳牛獸醫的學姊，就在臉書上發文諷刺：「有些人就自以為是，覺得自己是蝙蝠俠，可以改變這個世界，別傻了吧。」

有些酪農也不支持他，因為整個產業控制在少數大廠手上，已經行之有年，雖然不盡公平，也習以為常，龔建嘉跳出來推動牛奶革命，說不定會激怒這些大廠，祭出不友善的手段，酪農反而遭池魚之殃。

這些負面的聲音，曾經讓龔建嘉情緒低落了很長一陣子。

不過，另一方面，也有酪農私下鼓勵他，認為他做了正確的事，而這些持正面態度的酪農，對於產業的思考沒有既定框架，除了大廠，他們也願意嘗試其他的合作可能。有位跟他要好的年輕酪農，在報上看到了龔建嘉的報導，還特意剪下來，裱框送給他，龔建嘉十分感動。

從過去推動除役犬認養，他很清楚，改變從來就不是一蹴即成，也不是你登高一呼，大家都會給你掌聲，有時候，質疑和噓聲甚至會排山倒海而來，考驗著改革者的決心。龔建嘉捫心自問，照顧農民，帶給消費者優質的產品，絕對是一個正確的方向，也是他責無旁貸的使命。

「哪怕被不屑，我也要當酪農的蝙蝠俠！」龔建嘉對自己信心喊話。

在眾多的超級英雄中，蝙蝠俠是個特別的角色，他不能飛天、不會吐絲，不具備任何超能力，仍願意扛起一切，承擔責任，也要對抗壓力，即使箇中辛酸難為外人道，依然堅持完成使命。

慶幸的是，龔建嘉不必孤軍奮戰，鮮乳坊另外兩位共同創辦人——林曉灣和郭哲佑，就是他的最佳拍檔。

做對的事，不會孤單。改變乳品產銷體制的路上，
龔建嘉找到他的最佳夥伴——林曉灣（左）、郭哲
佑（中）。

Chapter 07

媽祖婆：一手包辦大小事

二○二一年四月十八日，苗栗通霄白沙屯拱天宮媽祖進香活動第十天，沿途有許多服務香客的攤位，其中也有鮮乳坊。

共同創辦人林曉灣，本身對宗教活動很感興趣，正好有夥伴沒參加過這類文化盛會，便相約共襄盛舉，將合作牧場的「幸運兒」鮮乳，發送給信眾享用。林曉灣也陪著鑾轎走了一段路，「感覺媽祖就在隊伍裡，很安心，也很感動。」

私底下，也有夥伴給了林曉灣「鮮乳坊媽祖婆」的封號，或許是因為，從創立一開始，她就是個坐鎮在公司裡，為眾人帶來安心感的角色。

林曉灣跟龔建嘉是國中同學，升上高中、大學，雙方一直保持聯絡。「我比較得過且過，相形之下，而他一直是很上進，想要改變世界的人，」林曉灣形容這位老同學：「他沒事就會來激勵我，而我每次跟他講完電話，就

覺得受到了鼓舞，因此，他雖是我的同學，其實也有點像是我的老師。」

林曉灣從小愛喝牛奶，把牛奶當水喝，連吃餅乾也要挑牛奶口味，因此，老同學創業找她幫忙，產品還是自己最愛的牛奶，她便一口答應了。

進入鮮乳坊之前，林曉灣在一家做LED招牌的小公司上班，負責設計工作，除了老闆、老闆娘，就只有她一名員工，老闆在外頭開發業務，公司裡的大小瑣事，包括了接電話、報價、進出貨、客服等，幾乎都是她一手包辦。

因為林曉灣會設計，龔建嘉退伍後，曾經有機會代理一款寵物的口腔噴劑，就找林曉灣協助設計海報、DM等宣傳品。後來龔建嘉決定要做鮮乳坊，林曉灣就幫他經營粉絲團，開始籌備群眾集資時，她也參與寫文案、做點小插圖。

當時林曉灣還在前公司上班，她在工作之外，抽空幫龔建嘉忙，因為多半是零星瑣事，還算游刃有餘。集資結束後，開始要整理出貨名單，必須投入大量的時間，她才決定離職，正式加入鮮乳坊。

沒多久，龔建嘉又找來曾經創辦「17 support」的郭哲佑，形成了鐵三角的陣容，至今仍是鮮乳坊的領導核心。

三個人很快就建立起分工模式，龔建嘉照顧牧場，為牛奶的品質把關；

原本就有業務開發經驗的郭哲佑，在外頭奔走，想方設法把牛奶賣出去；至於牛奶從進到出這一段流程，就是林曉灣的守備範圍。

對外服務客戶，對內照顧夥伴

鮮乳坊草創初期，百廢待舉，負責內部營運的林曉灣，主要服務的對象就是那群參與群眾集資的訂戶，安排訂單、出貨、接客服的電話，因為她前一份工作也是類似的內容，林曉灣原本以為不會太難，等到她親自下海，才發現自己想得太簡單了。

一般企業的訂單是慢慢累積，鮮乳坊因為靠群眾集資起家，第一次出貨，就是筆大單，共有五千名消費者。而且，龔建嘉當初設計的回饋方案很複雜，除了有每週配送兩瓶的方式，還提供了總量十瓶、三十瓶、五十瓶、一百瓶的選項，而且可以自由選擇配送次數，因此林曉灣還得跟這些選項的訂戶一一聯絡，確認對方想要怎麼配送，安排出貨順序。

由於訂單整理太耗時間，林曉灣找來弟弟幫忙，寫了一個 excel VBA 程式，可以輔助輸入的效率和正確性。某一天，陸續有客人打電話來，或是

收到牛奶，但是收件人名字不符，或是數量錯誤，訂了三瓶來了四瓶，才知道輸入的資訊整個亂了套，名字、地址、電話、數量全部兜不起來。

當時辦公室裡也不過兩、三個人，面對這場災難，完全不知所措，「那是個可怕的經歷，一輩子都不會忘記，」林曉灣至今仍餘悸猶存。

補救之道，是一筆筆核對資料，名字錯了，打電話跟訂戶說明，因為其他資訊錯了，造成沒收到牛奶或數量少了，便補給對方，至於之前多送的，就當作是贈送了。

林曉灣坦承，鮮乳坊早期真是狀況百出，三不五時就得危機處理。有一批牛奶，數量兩千瓶，品質檢驗雖然合乎政府的法規標準，但是不符鮮乳坊自訂的高標準，最後決定那個星期不出貨，牛奶的損失還是小事，該怎麼通知訂戶才令她頭大。

因為公司成員還不多，基本上都是林曉灣自己打電話、接電話。由於經常跟客人聯絡，有些人她已熟記在心，不用看資料，光聽到名字，腦海自動浮現對方之前發生過什麼事，後來如何處置，該如何應對，形同「行走的客服系統」。

處理「人」的事，一直是林曉灣在鮮乳坊的工作核心，早期是面對客

痛定思痛，努力從源頭避免信任危機

早期有一位暱稱「光頭」的夥伴，除了客服，也協助倉儲、物流等工作，幫了林曉灣不少忙。光頭加入鮮乳坊，只因為認同龔建嘉的理念。

林曉灣還記得，某天晚上，大約八、九點時，因為有狀況，隔天無法出貨，她覺得有義務告知消費者，就發了簡訊給所有人，光頭本來已經要下班了，突然發現客服信箱開始爆信，大家都是因為收到簡訊，來信詢問原委，他就很有義氣留下來回信，一晚上沒睡，把信回完。

光頭臨危不亂，公司每次出包，他的第一個反應是「冷靜，讓我們想想該怎麼解決危機」。然而，這位最佳救火隊，最後卻跟鮮乳坊分道揚鑣。

他的不滿，源自業務、內勤兩種立場的衝突。業務要幫公司賺錢，自然

是拚命接單，但是當內勤人力不足，訂單愈多，代表工作負擔愈重，如果還是臨時加單，更加手忙腳亂。

認知差異造成的不舒服，點點滴滴累積，緊繃的弦終於斷開，光頭選擇離開，還斷絕了跟鮮乳坊相關人等的所有聯絡。

林曉灣跟光頭有革命情感，最後竟是這樣收場，她感到十分難過。這件事也提醒她，即使例行工作再忙，也不能輕忽了溝通，而且溝通不能拖延，每拖過一天，之後要花的心力和時間成本就愈高。

於是她開始投入很多時間跟夥伴溝通，有一段時期，甚至是每星期跟每位夥伴進行一小時的懇談，了解他們對工作的想法、對公司的期待，聆聽他們的心聲，建立相互了解的工作氛圍。

「很多夥伴是抱著高度的熱情來到鮮乳坊，時間一久，熱情會燒盡，你必須為他打造舞台，讓他看到自己在這家公司有未來，」林曉灣有感而發。

「而且，每個人都是站在自己的角度看事情，他不一定理解公司各種做法，比方說，事情都做不完了，公司還全力配合客戶的要求，夥伴會很困惑，因此，必須一再跟他們溝通公司的理念，才不會形成信任危機。」

事實上，林曉灣跟龔建嘉、郭哲佑之間，也是花了很長的時間磨合，才

逐漸建立起共識和默契。

創業鐵三角中，龔建嘉和郭哲佑平時都在外頭跑，林曉灣的角色類似「賢內助」，他們對外的承諾，就靠林曉灣和內勤夥伴完成。鮮乳坊成立初期，為了開發市場，郭哲佑大量接單，而且經常臨時調貨，增添內勤作業的變數，林曉灣雖然知道業務發展很重要，但是看到內部夥伴當時必須天天加班，她內心感到很不平衡，只因為工作實在太忙，不得不先壓下情緒。

有一次，林曉灣終於忍不住，和郭哲佑在辦公室爆發衝突，郭哲佑還在她面前重重捧了電話。為了避免影響其他同事，兩人約在公園談判，對彼此高聲怒吼，氣氛緊張到差點要打起來。

她跟龔建嘉的衝突，多半來自權責上的混亂。龔建嘉雖是公司的決策者，然而，他總是再三強調：「我不是老闆。」另一方面，他又很樂意對公司的事情給「意見」，讓夥伴無所適從，不知道他的「意見」是純屬建議，還是指示，如果又跟林曉灣的決策不同，在領導上就成了多頭馬車。

三個人雖是合夥人，因為各自投入不同戰場，平時少有交集，都不知道對方在忙什麼，在意的是什麼，心裡有話也沒機會說出來。林曉灣認為不能這樣下去，即使工作再忙，她每個月也要約兩人一起吃飯，促成三人對

話的機會。

另外，她也會走出辦公室，跟著龔建嘉去找酪農，跟著郭哲佑去跟通路開會，進入他們的工作領域，體認三人雖然專業不同，一樣是為公司打拚，也比較能設身處地，理解他們的立場。

林曉灣還去上了「Coaching（企業教練）」的課程，她覺察內心長期隱忍不發的「阿信情結」，學習為自己的立場發聲，不再當小媳婦，他們也因此理解她的感受，避免踩到地雷。

大學念了七年，共經歷三所大學、四個科系，林曉灣過去一直不知道自己的強項為何，也不確定自己到底想做什麼。意外成為鮮乳坊的創辦人後，她才慢慢發現自己樂於助人的特質，因而找到個人的使命，就是從事人才培育，為每位夥伴創造個人價值，幫助他們發光發熱。

要成為鮮乳坊的成員，必定要經過林曉灣這一關，她是這家公司的守門人，也是穩定內部的定心針，因為有她，在鮮乳坊這條船上，眾人同舟共濟，即使遭遇驚濤駭浪，總是能穩健前行。

Chapter （08）

樂高男孩：堆疊出無限可能

鮮乳坊的三名共同創辦人之中，加入最晚的郭哲佑，年紀最小，創業經驗卻最豐富。

朋友很少稱呼他全名，而是叫他「郭YO」，那是因為他就讀高中時，考卷上懶得寫完整的名字，只寫「郭佑」，後來連「佑」都直接寫成「YO」，這個嘻哈風的暱稱就一直跟著他。

他平時的穿著也走嘻哈風，寬大的T恤，棒球帽，笑起來有點靦腆。大男孩的外表下，其實有著敏銳的「商業魂」。

「舉例來說，當我走進一家店，就會開始掃描店裡的位子數、來客數，了解客單價，估算出營業額，然後從店老闆的角度思考，可以怎麼調位子、改東西，提升營業額，甚至還會去看店家在網路上的評價、它的社群經營做得好不好⋯⋯」郭哲佑描述。

他的大腦裡就像是內建了計算機，不斷進行各種資料的運算。

郭哲佑從小愛玩樂高，不知道是不是因此啟發了他的數理能力，求學時，多數科目表現欠佳，唯有數學一枝獨秀，考上輔大的統計資訊學系。

因為數學好，郭哲佑十六歲開始教家教，十八歲進補習班教數學，教出了口碑，學生最多時有五十幾個人，補習班老闆索性把整個體系中數學這一塊，交給他來經營。除了教數學，郭哲佑也在網路上買賣虛擬寶物，生意最好的時候，一個月可以賺到四十萬。

在商業中落實公平與正義

錢賺得太容易，讓郭哲佑失去對投資風險的警覺性，大三暑假，他在虛擬寶物上投資失利，賠掉了近百萬，正在失魂落魄時，有位李禮孟老師拉了他一把，帶了他和另外兩位學生，前往雲南昆明從事偏鄉服務。

在昆明的某一天，郭哲佑看到一名小男孩在吃一顆髒兮兮的飯糰，便好奇問對方：「這是你的早餐，還是午餐？」男孩告訴他：「這是我的早餐、中餐，和晚餐。」

「聽到他回答的那一刻，我徹底崩潰了，我第一次覺得，自己根本是個廢物，」郭哲佑回憶。目睹當地的孩童必須在惡劣的環境求生存，對於向來衣食無虞的他，是一記暮鼓晨鐘，促使他重新審視人生的價值。

近兩星期的偏鄉服務，打開了郭哲佑心中善念的開關。回到台灣後，他開始教弱勢學童數學，也跟一群有志於社會企業和公益組織的輔大同學合作，在校內開設以「公義（公平與正義）」為訴求的實體商店，後來因故未成，改為創立「17 support」，透過網路平台販售特色農產、公益團體的商品，推動「用消費改變社會」的社會企業理念。

郭哲佑經營了「17 support」兩年，後來因為組織的人事重整，他必須離開投注許多心血的團隊。這一次的創業，雖是以失敗收場，卻也累積出不少人脈資源，就等著另一個舞台出現，讓他可以施展身手。

他並沒等太久，「用消費改變社會」的機會再度出現，這次是一家牛奶公司──鮮乳坊。

郭哲佑還在「17 support」任職時，也在一家寵物食品公司「Doggy Willie」擔任專案顧問，主要工作是採訪專業人士，某一次的採訪對象，就是獸醫龔建嘉。

那次採訪，讓龔建嘉對郭哲佑印象深刻，後來得知他離開「17 support」，便有心網羅。事實上，當時郭哲佑有好幾個工作機會，甚至有中國的電商向他招手，開出相當不錯的條件，另外，郭哲佑自己還有一個樂高的事業。

身為資深的樂高玩家，郭哲佑一直以為百貨通路的零售價格實在太貴，後來他發現網路上有些賣家可以賣到六、七折，可見得進貨成本一定更低。

「商業魂」告訴他這是一門好生意，於是他就把香港樂高社團所有的賣家都敲了一輪，表示他想要批貨，陸續收到了回應後，他飛到香港，把這些賣家約出來吃飯，開始做起生意。

郭哲佑把樂高事業經營得有聲有色，不但從香港批貨，從日本、美國、歐洲，都找到貨源，他也因為賣樂高，又結識了不少人脈。

二○一四年底，就在郭哲佑樂高事業起飛時，龔建嘉找他吃飯，同桌還有林曉灣。當天談話的主軸，是龔建嘉請教他創業的事，不過，他隱約也嗅到了「面試」的意味。吃完那頓飯後沒多久，郭哲佑就決定加入他們。

「那陣子我看過不少人說要創業，就是他們兩個人讓我覺得是認真的。而且，我可以感受到他們對我的信任，跟我之前的老闆不是那麼信任我，形成對比，這也是我決心跟他們共事的關鍵，」郭哲佑透露。

龔建嘉的創業訴求，是照顧酪農，也讓他耳目一新，符合他想做的社會企業。郭哲佑之前的事業，不論是補習班、賣虛擬寶物、賣樂高，父親都不太以為然，唯獨對這家要為酪農發聲的牛奶公司，認為值得一試，甚至還提供了創業資金。

郭哲佑是基督教徒，對於「約翰福音」中的名言：「一粒麥子如果不落在地裡死去，它仍然是一粒；如果死了，就結出很多子粒來。」他有一番深刻的體會。

當初離開「17 Support」，算是郭哲佑人生一次重大的挫敗，他有好幾天足不出戶，關在家裡好好沉澱後，決定重新站起來。他事後回想，正是之前跌落谷底的痛定思痛，才有後來創業能量的強勁力道。

由於在「17 Support」已經累積了不少業務經驗，在創業鐵三角中，龔建嘉要照顧牧場，林曉灣也沒有跑過業務，自然還是由他扛起鮮乳坊的業務開發。

之前的創業經驗教會郭哲佑一件事，即使是以改善社會問題為使命的社會企業，除了談理念，也要能夠把東西賣出去。鮮乳坊是家牛奶公司，產品是牛奶，一旦開始向酪農收奶，就有固定的奶量必須消化。

透過群眾集資，鮮乳坊起步時已有一批基本的訂戶，但是光靠訂戶絕對不夠，因此從集資階段開始，郭哲佑就著手通路的開發，特別是 B 2 B（企業對企業）的通路，靠著在「17 support」時期四處征戰累積的五百張名片，郭哲佑為草創的鮮乳坊爭取到不少合作的機會和資源。

穿針引線，創造無限可能

鮮乳坊成立初期一年半，只有郭哲佑一名業務，他完全憑著商業直覺，覺得哪一個通路值得開發，就主動去叩門，微風廣場、Jasons Market Place、全家、天仁茗茶、路易莎、大苑子等各大通路，都是他開疆闢土的戰果。

郭哲佑還開發了「非典型通路」，包括補習班、藥局、健身房、文具店，甚至是樂高店，在一般人想像不到的地方賣鮮奶。

除了找通路，郭哲佑還負責找人。不過，「獵人頭」這件事，他只做到「獵」，之後再交給龔建嘉、林曉灣去面試。鮮乳坊從初期的三人團隊，發展到目前近七十人的規模，超過一半的夥伴都是他找進來的。

另外，鮮乳坊跟外部資源的串接，郭哲佑也是重要推手。以配送為例，

龔建嘉原本並沒有物流相關人脈，便由郭哲佑介紹了之前合作過的厚生市集，才順利完成牛奶送抵消費者手上的「最後一哩路」。

由於鮮乳坊堅持無添加、無調整的鮮奶，對於保存溫度相當敏感，如果只是採用一般的冷藏車宅配，配送過程中，品質會有波動，而且運費也高。因此，當郭哲佑透過厚生市集得知，工研院正在研發城市冷鏈物流技術，便主動爭取合作的機會。

工研院提出的解決方案，分為蓄冷片、蓄冷背袋兩部分，前者充當冷源，後者則提供可隔絕外界熱能的密閉空間，形成可以維持鮮奶品質的低溫環境，而蓄冷背袋方便攜帶，物流人員騎機車便可運送，大幅提升宅配的彈性。

更大的挑戰則是找錢。踏入牛奶產業後，郭哲佑才知道，通路付款給鮮乳坊的時間，比鮮乳坊付款給酪農的時間，晚一到兩個月，也就是說，應收帳款還款沒進來，就必須先付款給酪農，牛奶賣得愈好，要先付的錢愈多，即使鮮乳坊一開始有群募的資金，很快就面臨現金短缺的窘境。

由於公司需成立滿一年才能申請企業信用貸款，鮮乳坊出現現金流問題，一開始是靠龔建嘉的爸爸出面向銀行貸款，借了五百萬度過難關，但是資

金很快燒完，此時見性基金會執行長王俊凱及時提供了三百萬的資金，暫時解決了燃眉之危。

郭哲佑還在「17 support」時，曾經跟王俊凱合作過，雙方一直維持良好互動。王俊凱是郭哲佑眼中的「貴人」，當他得知鮮乳坊財務吃緊，很有義氣出手相助。只是靠著這筆錢熬過了一個月，下一個月要付的貨款又緊追上來。

為了籌措資金而焦頭爛額，郭哲佑只好向父親求救，想用家裡的房子來貸款，父親問他：「你又把公司弄倒了嗎？」想到自己出來創業好幾年了，還要父親幫助，郭哲佑十分難過。

其實，鮮乳坊不是沒賺錢，只是資金一時調度不過來。隨著公司營運步上軌道，加上增資策略奏效，財務壓力逐漸緩解，郭哲佑最終並沒有動用父親的錢。

那幾個月籌錢的經驗，讓郭哲佑深刻體會創業預備金的重要。「在某些時刻，的確想過會不會挺不過去。」他坦承。慶幸的是，關關難過關關過，鮮乳坊經歷了創業初期的各種考驗，不但存活下來，而且日漸茁壯。

加入鮮乳坊之後，郭哲佑就沒什麼時間照顧樂高事業，導致業績一落千

丈，公司也只好先收起來。

「如果繼續做樂高，我相信自己可以賺到不少錢，但是，也只有賺錢而已；但是做鮮乳坊，可以為產業帶來一些改變。」在樂高和牛奶之間，郭哲佑終究選擇了可以產生影響力的事業。

樂高遊戲，透過單片積木的串聯和堆疊，創造出無限可能。郭哲佑現在不太玩樂高了，但是他充分發揮了樂高的奧義，不斷連結人脈和資源，為鮮乳坊帶進源源不絕的成長動能。

Chapter 09

許願池：
有求必應的天使投資人

創業這回事，每位創業家各自點滴在心頭，不過，有一點絕對能引起所有人的共鳴，那就是燒錢的速度。

龔建嘉在 Flying V 募到了六百多萬，加上他和林曉灣、郭哲佑準備的三百萬創業基金，看起來不少，其實很快就燒完。即使龔建嘉透過父親的公司，向銀行借了五百萬，郭哲佑從見性基金會借到了三百萬，也只能暫時解危。創業三人組可以預見，隨著銷售通路不斷增加，公司需要更多資金。就在他們準備進軍全家便利商店的前半年，開始著手增資計畫。

三人組是商場菜鳥，連如何做增資簡報，都不是很熟悉，憑著勇氣到處叩門。有幾家企業的投資部門給了希望，甚至還要求鮮乳坊簽保密協定，似乎很有機會，談了一、兩個月，對方最後卻給出一個遠低於討論的價錢，龔建嘉等人的期待，終究還是落空了。

他們也找過一家知名的電商，談了幾個月，眼看要大功告成，約好簽約當天，對方來電告知，他們後悔了，「我們差點沒爆炸。」

當時，龔建嘉已是創業者學習平台「AAMA台北搖籃計劃」的學員，校長顏漏有得知鮮乳坊尋求增資所遭遇的困境，除了協助團隊建立完整的投資簡報，並建議他們第一次增資，不見得要找大型的投資機構，以多位資金規模較小的「天使投資人」，來達成增資的目標，成功的機會更高。

鮮乳坊第一輪增資三千萬，大概找了八位「天使」，包括了展逸國際行銷創辦人張憲銘，他是龔建嘉家教學生的家長。

龔建嘉在台大獸醫研究所就讀時，曾經當過林鐘豐兒子的數學家教。林鐘豐認為龔建嘉誠懇又認真，對他十分欣賞，家族聚餐、員工旅遊還會邀請龔建嘉參加。後來龔建嘉當兵、到南部發展，他們一直都保持聯絡。

林鐘豐很認同龔建嘉成立鮮乳坊的理念，當他得知鮮乳坊需要找「天使」，二話不說，找來另一名友人共同投資。

鮮乳坊第一輪增資的「領投人」，是龔建嘉在「AAMA」的同學，還有一位從事國際物流的林鐘豐，淵源很特別，是龔建嘉家教學生的家長。

增資時如果有好幾位投資人，通常需要有一個「領投人」的角色，制定投資的條件，其他人按照這個條件投資。鮮乳坊第一輪增資的「領投人」，

就是「活水影響力投資」。

二〇一四年是台灣社會企業元年，在這一年成立的活水影響力投資，是由四十三位來自台灣及矽谷不同領域與專業的社會中堅，以實驗性俱樂部眾籌模式（Club Funding）所成立社企投資開發機構。

活水總經理陳一強曾在管理顧問公司服務多年後，轉戰社會企業領域，曾在二〇〇七年初，協助輔仁大學創立了台灣第一個「社會公益創業研究計劃」。陳一強原本就認識郭哲佑，也知道他是鮮乳坊的創辦人之一。

二〇一六年，陳一強受邀擔任第二屆社企流育成計畫的評審，郭哲佑則代表鮮乳坊報名並入選。當時活水正在尋找有潛力的社會企業，陳一強便跟董事長鄭志凱約了龔建嘉等人見面，詢問鮮乳坊有無增資的計畫，雙方展開了合作。

投資優秀的團隊，為社會創造價值

鮮乳坊第一輪增資，活水雖是「領投人」，不過陳一強認為，其他的「天使」都是龔建嘉找來的，「阿嘉自己才是『領頭人』。」

活水的成立宗旨是輔助社會企業成長，除了是投資人，也扮演了「陪跑」

的角色，提供企業發展時所需要的各種資源。鮮乳坊一開始欠缺公司治理的經驗，活水便安排致伸科技董事長梁立省擔任董事，之後為了在打造品牌上有所突破，改由肯夢創辦人朱平接棒，貢獻他豐富的品牌實戰經驗。

活水目前約有八十位股東，專業橫跨不同領域，形同陣容龐大的顧問群。當鮮乳坊需要找人力資源專家諮詢，或是建立ERP（企業資源規劃）系統時需要求教，就會找陳一強幫忙引薦人選，因為有求必應，林曉灣還形容活水就像是鮮乳坊的「許願池」。

陳一強透露，他經常在晚上八、九點時，還接到鮮乳坊的電話，內心其實很欣慰，「股東和被投資人，很難得可以這麼親近，」他補充：「而且，『被需要』也讓我們很有成就感。」

活水對於所投資的社會企業，很重視創業者是否堅持初衷。五年下來，陳一強觀察鮮乳坊始終秉持改革產業的信念，只是格局變得更大。另一方面，他也見證了團隊成長，除了龔建嘉之外，郭哲佑從王牌業務員，接下了執行長一職，成為全方位的領導者，而林曉灣也從原本的一張白紙，升級為人資、財會的專業人士，在她的統籌下，二〇二一年鮮乳坊不但成功導入SAP ERP系統，而且提前上線，「我在企管顧問界這麼多年，ERP提

前上線的例子，還真的相當罕見，」陳一強坦言。

不同於一般創投，活水做的是「影響力投資」。陳一強認為，鮮乳坊實踐理念，為社會創造價值，並培育出三位優秀的創業家，日後都是台灣社會的資產，讓活水相當引以為傲。

經過第一輪增資後，鮮乳坊已經沒有資金短缺的壓力，然而之後又進行了兩輪增資，則是為了公司長期發展的策略考量。

從處處碰壁到外部主動爭取投資

某天，龔建嘉收到了一封大江生醫投資部門的來信，表示對鮮乳坊有興趣，希望能見面聊一聊。

龔建嘉原本對大江生醫一無所悉，見了面才知道，大江生醫擁有不少特殊菌種的專利，在乳製品中可以充分發揮活性，因此他們想找乳品公司合作。大江生醫負責人林詠翔看了不少鮮乳坊的報導，相中這個團隊的創意與活力，希望能夠透過投資的方式，展開產品相關的合作。

「第一次增資時，我們承受著極大的資金壓力，不但處處碰壁，還遭到欺

騙，沒想到時隔一年多，卻是業界的前輩展現了極大的誠意，希望能爭取我們的合作，想想真是不可思議，」龔建嘉感嘆。

為了能夠將更多資源挹注給鮮乳坊，大江生醫希望能投資鮮乳坊三○％股份，不過，經過團隊內部討論，為了保有公司經營更多自主的空間，鮮乳坊最後同意大江投資約一○％股份，完成第二輪增資。

二○一九年五月，鮮乳坊推出了「玻妞優格飲」，就來自於大江生醫的技術合作，將母乳萃取的TCI633菌種，放在特A級鮮乳裡安全發酵，發酵過程自然產生玻尿酸。這款產品很受女性消費者的喜愛，也讓鮮乳坊成功跨入了營養保健市場。

鮮乳坊在第一輪增資時，最初的目標只有一千萬，當時曾接觸過中信創投，對方的態度很友善，只是鮮乳坊需要的資金規模，對於中信這樣的大型投資機構來說，標的太小，不符合投資方向，最後並沒能促成合作。

雖然合作未成，中信創投資深業務副總經理邱明慧非常欣賞鮮乳坊，那一年的年節贈禮就是用鮮乳坊的產品，還把鮮乳坊介紹給威秀影城等重要的客戶，牽成了兩者後來的合作。

中信創投過去投資的對象以文創類型居多，近年開始積極參與社會企業

投資。中信創投跟鮮乳坊有前緣，也看到了鮮乳坊的成長茁壯，認為雙方的合作有指標效果，就在二〇二〇年底，主動表示希望投資鮮乳坊。

中國信託的信用卡發卡數在全台數一數二，在消費通路具備強大的品牌力，對於一直想推廣到家庭消費者的鮮乳坊會是很大的加分。而且，這次中信創投是從 ESG（環境、社會和企業治理）的角度來投資鮮乳坊，不會只看財務表現，更重視社會企業所創造的價值，符合鮮乳坊的目標與願景。

因此，中信創投在二〇二一年年初入股鮮乳坊，這是鮮乳坊的第三次增資。

鮮乳坊是社會企業，一方面肩負造福社會的使命，另一方面也必須透過商業經營，才能生存下來。要在社會價值和財務獲利之間，取得平衡，股東的支持十分重要，「如果他們不認同我們的經營方式，我們就會窒礙難行，」龔建嘉坦承。

幸運的是，鮮乳坊找到的投資人，基本上都相當尊重鮮乳坊的理念。活水、中信創投本來就是以創造社會價值為投資的著眼點，大江生醫是上市公司，難免對財務表現上有所要求，倒也不失為務實的提醒。

當「企業存在的目的，就是創造股東價值最大化」，仍是許多投資人主流的想法，鮮乳坊的股東們卻樂意為他們提供各種資源和協助。

談到鮮乳坊跟股東的合作，龔建嘉如數家珍——活水介紹了財務、人資領域的相關人脈，對於快速成長中的鮮乳坊，助益良多；大江除了掌握不少專利技術，是鮮乳坊研發新產品的祕密武器，還具備強大的建廠能力，鮮乳坊未來如果要自己建廠，大江會是最好的後盾。

至於中國信託，雖然才剛入股不久，就多次釋出協助的善意。當他們知道，跟鮮乳坊配合的路易莎咖啡受疫情影響，用奶量大減，便發動內部夥伴進行團購，中信旗下的台灣彩券公司還跟鮮乳坊合作「哞力四射」刮刮樂，首開先例將鮮乳做為商品獎項，話題性十足。

第一輪增資的「天使」林鐘豐也打電話給龔建嘉，希望可以跟鮮乳坊有更多的互動。年屆退休的他主動請纓，成為鮮乳坊的顧問，運用多年的人脈，幫忙推廣鮮乳坊。

對鮮乳坊來說，每一位股東都像是許願池，源源不絕帶來開創新局的金斧頭、銀斧頭。

這群股東們都在業界上打拚多年，見多識廣，為什麼他們不遺餘力來幫助這家年輕的牛奶公司？或許是因為他們在龔建嘉和他的夥伴身上，看到了商場上一個難能可貴的特質——善良。

Chapter ⑩

真正重要的東西，是什麼？

成立於二〇一二年的「ＡＡＭＡ台北搖籃計劃」，是一個推動「共學」、「共創」，以培育台灣下一代具指標性創業家為使命的公益學習平台，每年根據創業者個人特質、新創企業的成長性、市場競爭力、國際化能力等因素，評選優秀的台灣新創加入，而龔建嘉是第五屆學員。

二〇一九年九月，「ＡＡＭＡ台北搖籃計劃」執行長林蓓茹，帶著龔建嘉，以及同屬第五屆的印花樂共同創辦人沈奕妤，參加了一場社群經理的分享聚會。當天晚上，聚集約一百多位的聽眾，提問相當熱烈。

其中，有一名聽眾問了兩位創業家一個問題：「創業家最重要的特質是什麼？」這個問題，林蓓茹聽過了各種答案──熱情、堅持、企圖、有夢想……，但是龔建嘉的回答，卻是她比較少聽到的。

他的回答是，善良。

「那麼一個血氣方剛的大男生，從他口中說出如此溫柔的字眼，當下有點

意外，但是我可以理解他為什麼這麼說，」林蓓茹回憶。

龔建嘉在她面前流下男兒淚的畫面，她仍然記憶猶新。

一次受到「背叛」的經驗

鮮乳坊成立以來，龔建嘉偶爾會帶著下游廠商去參觀、熟悉上游牧場，

他會這麼做，立意良善，為了讓買家了解牛奶的生產過程，也讓酪農知

道，自家的牛奶會交到什麼樣的廠商手上。不過，為了避免牧場作息經常

受到打擾，龔建嘉並不常做這件事。

有一位AAMA的同期學員，原本是鮮乳坊配合的廠商，他提出要求，

希望能認識鮮乳坊的每一家牧場，由於對方既是廠商，也是同學、朋友，

龔建嘉毫不猶豫帶著對方去拜訪牧場，居中介紹，場面一團和氣。

他沒有想到，事後這位廠商私底下跑去找酪農，要求跳過鮮乳坊，直接

收購乳源，而且還向酪農強調「已經跟鮮乳坊達成了協議」。由於廠商是龔

建嘉介紹的，單純的酪農不疑有他，便答應了。

過程中，還有個插曲。對方一開始找酪農洽談時，消息傳到了龔建嘉耳

裡，他打電話向對方求證，並表示自己覺得不受尊重，對方坦承這麼做不妥，承諾不會再這麼做，結果接下來的一個月，對方每星期去找牧場，用盡各種話術，就是要把乳源搶走。

這位廠商不付一毛錢給鮮乳坊，就可以拿到鮮乳坊投入心力管理好的乳源，甚至以自家品牌，推出一款鮮奶，鮮乳坊因此蒙受了數百萬的損失。

這次事件更重創了龔建嘉的情感，他看待世界的價值觀，一夕崩毀。「過去，我一直認為，人可以透過信任來合作，我不可能防每一個人，我也不想防每一個人。如果每一件事都必須建立在合約上，我的人生會很辛苦。

而且，如此一來，創業就太無趣了。」

「我的憤怒在於，我如此相信對方，卻遭到了欺騙，這是否代表，我以後都無法信任我的合作夥伴。可能我這一輩子，就碰上一次這樣的人，但是因為他，我再也無法相信別人，這對我來說，很不公平，對其他人來說，也很不公平。」

發現自己「真心換絕情」，龔建嘉當下有很多情緒。這次遭挖牆腳的酪農，是他長期合作的牧場，龔建嘉甚至開始懷疑，是不是自己做得不夠好，才讓酪農決定「背叛」？

負面情緒淹沒了龔建嘉，林曉灣和郭哲佑看情況不對，決定介入，第二天就搭第一班高鐵下去，跟酪農溝通。當時他們已做了最壞的打算，就是酪農如果真的要「分手」，也只好真心祝福。然而，實際跟酪農談過後，才發現他們也是被蒙在鼓裡，完全不知道事態會這麼嚴重。

最後三方達成協議，由於酪農事先已給了承諾，因此仍會提供乳源給那位廠商，但是供應量會減少，而且產品名稱也不能掛牧場名稱。

這件事一度讓龔建嘉受傷很重，然而，危機也是轉機。之後，龔建嘉跟酪農開了很多次會議，想找出是否有鮮乳坊做得不夠好，或是應該做得更好之處，又或是他們潛意識有所不滿，但是一直隱忍不發的問題，經過反覆的剖析、釐清，酪農很認真告訴他，他們沒有不滿，而且鮮乳坊的照顧，遠超過他們的預期。經過了這次的考驗，反而更加深了彼此的信任。

之前，牧場這一塊是龔建嘉的守備區，因為事涉專業，郭哲佑和林曉灣很難插得上手。這次的危機，卻多虧他們扮演了龔建嘉和酪農間的溝通橋梁，緩解了緊張的關係。他們下雲林的當天晚上，龔建嘉就傳了感謝的簡訊，當他陷入巨大的低潮時，兩人適時出手，幫了他很大的忙。

三人原本只是事業夥伴，共事的過程中，又免不了出現各種衝突和摩

擦，然而，當鮮乳坊面臨了「外患」，三人同心面對，想方設法解決。這種「共患難」所培養的革命情感，點點滴滴累積，也成為鮮乳坊可以穩穩走到今天的基礎。

這個危機，起源自某個夥伴的背叛，後續的發展，反而更彰顯了真正的夥伴，彼此的情誼是何其珍貴。

重新定義乳品產業，讓改變成真

二〇一九年那場分享會上，龔建嘉說出的「善良」兩個字，在林蓓茹心中始終縈繞不去。二〇二一年，她在「創業新聲帶」的 Podcast，想找不同的創業家談最重要的特質，第二集就是找龔建嘉談「善良」。

她長期陪伴新創家，很清楚創業過程中會面臨到的各種誘惑和壓力，如果內心沒有堅定的價值觀，很容易迷失在商業利益的追逐中，忘記了創業的初衷。

在那次「挖牆腳」事件後，對於是否該繼續帶廠商到牧場參觀，公司內部曾經出現質疑的聲音，連龔建嘉都不得不承認──這麼做，其實無法帶

來直接的利益，還有買家跳過鮮乳坊，直接找酪農交易的風險。

經過心情的沉澱後，龔建嘉還是不改初衷，以善意、信任來對待合作夥伴，「如果，只因為一個人的背叛，我就對他人失去信任，豈不就是讓對方得逞，代表我原本的方式錯了，而他的做法才是對的？」

鮮乳坊成立以來，除了遭人挖牆腳，也遇過代送商捲款潛逃，或是通路商惡意下架，在爾虞我詐的商業環境中，維持善良的心，並不容易，難怪亞馬遜創辦人傑夫・貝佐斯（Jeff Bezos）要語重心長的說：「善良是一種選擇。」

龔建嘉選擇善良，並不是因為天真，而是他更在乎「真正重要的東西」，這是《小王子》（Le Petit Prince）帶給他的啟發。

《小王子》一直是龔建嘉很喜愛的一本書，甚至還私下為《小王子》寫了續集。鮮乳坊成立初期，當夥伴只有二十一人時，他就贈送每人一本《小王子》，希望團隊成員也能從這個雋永的童話中，有所體悟。

在《小王子》的尾聲，當小王子跟狐狸告別時，狐狸告訴了小王子一個祕密：「一個人只有用心去看，你才能看見一切。因為，真正重要的東西，只用眼睛是看不見的。」

善良不是口號，而是他的選擇。在創業修羅場中，
龔建嘉沒有忘記初心，努力透過對話，取得酪農、
通路、消費者、股東以及工作夥伴的信任和支持。
（照片：TEDx Taipei 提供）

即使熱血如龔建嘉，創業過程中，他也會陷入徬徨、不確定、自我質疑的焦慮情緒，此時，那句「真正重要的東西，只用眼睛是看不見的」，總是能將他帶回創業的起點。

龔建嘉其實可以不必創業，靠著獸醫的專業，他可以獨善其身，過著不虞匱乏的生活。然而，因為酪農待他如家人，他無法忍受酪農在整個乳品產業中遭遇到不平等對待，成立鮮乳坊，就是要為這個產業帶來改變。

鮮乳坊不只是賣牛奶，還要改變消費者與酪農的互動，提升酪農的成就感，甚至還要重新定義牛奶產業，讓改變成真，才是最重要的東西。

光靠龔建嘉一人、鮮乳坊一家公司，力量都相當有限，必須透過酪農、通路、消費者，甚至是社區間的合作，集眾人之力，才能成就改變的大業。如果凡事只顧及自己的利益，不考慮對方，就不可能有真正的合作，這也是龔建嘉必須選擇「善良」，讓產銷結構裡的所有利益相關者，藉由彼此對話，相互信任、支持，進而打造共同的價值鏈，因為這才是鮮乳坊存在的意義。

互信、互利、互惠，跟每個人都結成夥伴，是這場牛奶革命所彰顯的核心價值，簡言之──共好。

3

鮮乳坊共好學 ❶ 與農民共好

有好農，才有好鮮乳

牧場是鮮乳坊的根，
酪農用心養牛，
鮮乳坊才能帶給消費者優質的產品。
除了以契作保障酪農，
鮮乳坊協助合作牧場打造品牌，
提供管理優化服務，
並將獲利回饋酪農從事設備更新，
讓乳牛有更好的生活環境。
每個牧場都是一個家，
鮮乳坊將這些不同的「家」串聯在一起，
組成一個大家族，攜手合作，
找回產業的榮光。

Chapter ⑪

叫我鋼鐵人：
豐樂牧場

二〇二一年，在嚴峻的 Covid-19 疫情中，牧場仍無法停下運作的腳步。

每天餵牛、搾乳的例行工作，如常進行。龔建嘉也按照行程，前往各牧場提供獸醫服務，但是為了避免群聚，暫時不進入酪農家中，跟他們喝茶、聊天。

這天，龔建嘉來到位於彰化福興的豐樂牧場，則是為了另一個原因。他要參與搾乳機器人的啟動。

從外觀看，搾乳機器人像是個全自動無人搾乳室。當乳牛脹奶，牠自行進入這套系統，有自動手臂清洗乳頭、套乳杯、搾乳等流程，系統還能監測牛奶品質，以及乳牛的健康狀況，讓牧場管理完全進入另一個層次。

一般牧場一天會幫乳牛擠兩次奶，如果沒有及時擠奶，牛會不舒服，還可能因為乳腺阻塞，導致乳房發炎。因此，時間到了，就要為乳牛搾乳，

向來是牧場不變的鐵則。

此外，人工搾乳時，必須把乳牛趕到搾乳區，難免會讓乳牛感到壓迫，相較之下，搾乳機器人是讓乳牛自發性走進來，牠們可以比較沒有壓力的決定自己搾乳的時間，泌乳量高的牛隻一天會進去超過三次，舒緩漲奶的不適。有了這套系統，酪農可以從搾乳工作中解放出來，有更多時間休息、跟家人相處，或是投入其他改善牧場的事務中。

搾乳機器人是酪農心中夢幻級的設備，當然也要價不菲，每台約六、七百萬，加上場地整建、例行保養，成本上千萬，對牧場是很可觀的投資，因此，全台使用搾乳機器人的牧場，不到百分之一。

豐樂牧場主人黃常禎很大手筆，一口氣就進口了四台。事前籌劃近兩年，原本預計二〇二一年五月底啟動，因為疫情爆發，國外原廠工程師不克來台，只能線上指導，啟動日延到了六月中旬。

這是豐樂牧場的大事，除了家族成員全數到齊，台灣代理商工程師、獸醫也在現場，見證牧場第一隻乳牛進入搾乳機器人的歷史性畫面。

乳牛是慣性動物，每天所吃的食物、移動的路線，都不習慣被改變。牧場設置了搾乳機器人後，牧場工作人員還得全天候輪班，確認乳牛們能夠

適應新的搾乳方式，脹奶時自動自發走進搾乳機器人。

豐樂牧場是鮮乳坊合作的第一個牧場，在很多方面都是標竿，乳牛數最多，乳量最大，如今又坐擁四部搾乳機器人，放眼全台灣的牧場，絕對是名列前茅的資優生。

這一切，開始於三十年前的三十九頭牛。

人若瘦，牛就勇

黃家有三兄弟，黃常禎排行老二，大家都喚他「二哥」。

家裡原本務農，由於福興近海，不利耕作，收入不好，黃常禎從小飽嘗貧困的滋味。求學時期，每逢午餐時刻，他總是羞於打開便當，因為裡頭只有白飯和醃梅子，讓他在同學面前抬不起頭來。

貧困沒有打倒黃常禎，反而激發他想要翻轉人生的動力。放學後他就去鄰近工廠打工賺錢，另一方面，他也很節省，盡可能把每一分錢都存下來。黃常禎不愛讀書，也知道自己不是讀書的料，一心只想著趕緊出社會賺錢。當時政府在福興一帶推廣酪農業，黃常禎的姑姑和大伯都在養牛，家錢。

中因為務農，曾養過黃牛耕田，黃常禎對牛這種動物，也頗有感情，正巧聽到附近有牛場出售，他跟母親商量後，靠著母親的存款，再加上貸款，開始了養牛事業。那一年，黃常禎才二十歲。

「讀冊卡輸人，嘸就來養牛（讀書讀不過人就只好來養牛）！」他自嘲。

事實上，養牛的經濟效應並不差。到工廠上班，薪水有天花板；養牛是一個事業，如果經營得好，頭數慢慢增加，累積到一個程度，就有規模經濟的紅利，對於亟思脫貧的黃常禎，是很好的選擇。

即使家中曾養過黃牛，養乳牛又是另一門學問。不論是種草、搾乳、配種、牛舍規劃，每一項都得從頭學習。家族有長輩也養牛，可以請教他們，然而，牛養得好不好，最終還是看你投入多少心血在牛身上。黃常禎幾乎全天待在牛舍中，觀察乳牛每天的作息，日復一日，他在心中為每隻牛建檔，只要瞄一眼花色，牛隻的健康狀況、乳量，他都能瞭若指掌。

因為請不起工人，牧場工作主要由黃常禎自己一肩扛。他種狼尾草做為乳牛的草料；他晨起搾乳、洗牛舍；他親自為乳牛配種、助產，將小牛養大，繼續繁衍下一代。「人若瘦，牛就勇」是黃常禎的養牛哲學，他燃燒生命，換來牧場的蒸蒸日上。

黃常禎有創業家的膽識。他很少考慮時機、景氣，只要能籌到錢，他就投資牧場。當然，他也曾經因為自己的大膽，狠狠摔過一跤。

他創業以來，也有遇過重大的挫折，有一次他購買新牛時太大意，買進了一批沒有被檢驗出疾病的牛，發現後必須全部淘汰，損失了兩千多萬。

那一次投資失利，是很大的衝擊。黃常禎覺得心力交瘁，看不到明天在哪裡。即使如此，他沒有想過要放棄。他坦然接受投資失利的事實，繼續每天的養牛工作。

因為，牧場已不是他一個人的事，而是整個家族的事。

兄弟齊心，牧場升級

黃常禎有個弟弟，叫作黃彬縢，還在念書時，課餘就在牧場幫忙，退伍後，正式回來養牛。

黃彬縢比黃常禎早半年結婚，另一半陳奕帆是本地農村人。他們透過相親認識，約兩個月就成婚。婚後自然也在牧場工作。

黃常禎的太太禹佳伶原本在知名科技大廠工作，她室友的先生是黃常

禎的朋友，因為跟著來牧場玩，結識了黃常禎，交往了約兩年，也嫁了進來。加上之前就回來的大哥一家，等於有三個家庭參與牧場工作。

人多，意見也跟著多。黃常禎善於養牛，卻拙於人的管理，牧場存在著分工混亂、溝通不良的問題。禹佳伶小黃常禎九歲，嫁進黃家時才二十一歲，是年紀最輕的媳婦，她看不慣牧場的工作氣氛，主動要求召開家庭會議。她自帶氣場，對事不對人，話說得有理，大家也只能點頭稱是。經她登高一呼，牧場的氣氛有了改善，運作更上軌道。

大哥一家分場後，牧場回到兩個家庭的分工。黃彬滕專職搾乳，禹佳伶、陳奕帆打點牧場的各項雜務，黃常禎則逐漸從第一線工作退下來，養牛搾乳的時間少了，更多心力投入牧場未來的規劃上。

台灣地狹人稠，因為空間有限，不易發展大型牧場，多數牧場通常維持在兩、三百隻的規模。黃常禎是有企圖心的酪農戶，隨著乳牛數目持續成長，他研究國外現代化設備，用心打造乳牛可以舒適生活的環境。擔心水泥地太硬，他砸重金為乳牛添購水床，柔軟又能散熱；為了環境衛生，他裝置刮糞機，一天可以數次清理牛糞；還有按摩刷背機為乳牛搔癢，並發揮安撫情緒的功能。

黃常禎（後排右）、黃彬滕（後排左）兄弟共同經營豐樂牧場，牽手禹佳伶（前排右）、陳奕帆（前排左）是他們最得力的後援。

為了提高小牛的育成率，黃常禎打造了全台唯一的負壓小牛舍。這是小牛的「育嬰室」，裝置了溫控系統，隨時監控牛舍內的溫度，異常時會提出警示，減少溫度變化幅度；七部負壓抽風機負責讓內部空氣流通，並降低細菌、病毒、灰塵的數量；剛出生的小牛，對環境很敏感，特別怕冷，牛舍裡準備了保溫的燈罩、吸濕的墊料。種種貼心呵護，讓牧場有著近百分之百的小牛育成率。

黃常禎有如「鋼鐵人」，熱衷擁抱各種科技設備。然而，不論設備多先進，回歸原點，就是要把牛養好。他很早就開始實踐「動物福利」，不只是因為跟牛朝夕相處的情懷，還有牧場經營的務實眼光。讓牛感到舒適，心情好，胃口就好，吃得多又吃得好，乳量高，乳質也好。因此，牛好，牧場就好。黃常禎把「對牛好」做到極致，所以才能打造出牧場現在的規模。

經營牧場多年，黃常禎很清楚產業存在的各種問題：大型乳品公司壟斷市場，齊頭平等式收購機制，牧場即使提供較好的生乳品質，並無法獲得相對合理的收購價格，願意投入資源在飼養管理的酪農必須承受龐大的成本負擔，產業無法升級，便很難吸引年輕人才加入……。

自家牧場已成規模，要維持下去，沒有太大問題。然而，黃常禎仍期待

產業有所改變，至少在產銷制度上，可以出現不同的做法，讓用心經營的牧場，有機會出頭天。

某天，一位熟識的年輕獸醫向他提出了一個大膽的想法——他要成立一家以幫助酪農為宗旨的鮮乳公司，名稱叫作鮮乳坊。

接受媒體採訪時，龔建嘉常被問到：「你怎麼說服第一個牧場把牛奶交給鮮乳坊？」這不是個容易回答的問題，因為龔建嘉自己都覺得不可思議。

還在就讀中興大學獸醫系時，因為跟著學校出診團隊到牧場，龔建嘉認

黃常禎兄弟引進科技化設備不手軟，從柔軟的散熱水床（上）、按摩刷背機（中），到四台造價超過千萬的搾乳機器人（下），都能讓乳牛過得舒適。

識了黃常禎，算是他結緣最久的酪農。當鮮乳坊需要找牧場合作時，當然就想到了黃常禎。

當時，鮮乳坊除了龔建嘉這位獸醫，什麼都沒有。要把自己牧場的牛奶、品牌，交給名不見經傳的鮮乳坊，需要很大的膽識。牧場是家族事業，黃常禎也需要獲得家人的認同。

經過討論，黃常禎將牧場名稱正式取為「豐樂」，即「Home Love」，傳達了黃常禎守護牧場如守護家人的心情。

「如果我是酪農，我不覺得自己有那個勇氣，」龔建嘉坦言。然而，黃常禎沒什麼猶豫，直爽回覆：「好啊，那我們來試試看。」

豐樂鮮乳是走大瓶裝規格，一開始出貨，是根據群眾集資的名單進行宅配。為了滿足每日最低兩噸的生乳製造量門檻，負責開發的郭哲佑也積極拓展其他通路。超級市場是消費者採購鮮奶重要的通路，抱著「擒賊先擒王」的原則，郭哲佑帶著龔建嘉拜訪了具指標性的微風超市，窗口是日本人，因為語言不通，他們只能頻頻點頭，以誠意獲得了投石問路的機會。

鮮乳坊在微風超市辦試喝，同時也跟消費者介紹產地、牧場，第一週就賣了五、六百瓶，是微風超市當週賣得最好的鮮奶品牌。搶下了灘頭堡後，

豐樂鮮乳在Jasons Market Place、主婦聯盟等通路陸續上架，二○二○年夏天，更走進了連鎖超市龍頭全聯福利中心。

短短幾年，鮮乳坊能夠在各大通路建立據點，除了革命訴求奏效，鮮奶品質還是最後的決勝點，而豐樂鮮乳就是鮮乳坊迅速在市場站穩腳步的祕密武器。

勇於挑戰，不斷超越自我

鮮乳坊跟豐樂牧場的合作，初期是以收購生乳、共同經營品牌為主。之後，牧場經營規劃師韓宗諭加入鮮乳坊，他導入企業管理精神，協助牧場改善問題，建構出跟牧場規模相符的管理機制。

豐樂牧場是鮮乳坊第一個合作的牧場，也始終是鮮乳坊合作牧場中產乳量最大的牧場，豐沛的產量提供鮮乳坊研發更多新產品的空間。

龔建嘉分析，在很多人眼中，鮮奶屬於比較低階的農產品，只要便宜就好。鮮乳坊希望喚起消費者對鮮奶品質的重視，甚至重塑鮮奶的形象，從平凡無奇的日常飲品，變身為頂級農產品。

「天然食品機能化」或許是為鮮奶提升價值的魔法。鮮奶原本就是一種營養品，朝保健這個方向走，可說是順水推舟。然而，龔建嘉並不想做市面上常見的、有著繁複化學加工的保健食品。他的理想是魚與熊掌兼得，既有保健效果，又能保持農產品的天然本質。

看似異想天開的點子，卻在豐樂牧場開發的「A$_2\beta$酪蛋白鮮乳」中，獲得了完美的實踐。

牛奶中的蛋白質，八〇％為酪蛋白，其餘為乳清蛋白。酪蛋白中，又混合了A$_1\beta$酪蛋白和A$_2\beta$酪蛋白。A$_1\beta$酪蛋白為人體消化後，會產生「β酪啡肽7（BCM-7）」，可能造成過敏、腸胃不適等症狀，或許是某些消費者無法喝鮮奶的原因；至於A$_2\beta$酪蛋白，則更接近人類母乳中的酪蛋白結構，比較不會刺激腸胃道，也更容易為人體所吸收。

基因決定了乳牛產出何種酪蛋白鮮乳。A$_1$乳牛產出混合A$_1\beta$、A$_2\beta$酪蛋白的牛奶，A$_2$乳牛則能產出只含A$_2\beta$酪蛋白的牛奶。

二〇〇四年，澳洲率先推出A$_2\beta$酪蛋白鮮乳，之後又有紐西蘭乳品公司跟進。台灣則一直沒有牧場生產A$_2\beta$酪蛋白鮮乳，理由很簡單——因為太麻煩。

首先，必須先透過基因檢驗，找出基因純正的 A_2 乳牛，然後進行繁殖。

由於台灣沒有相關的檢驗單位，所有的檢體都得送到國外檢驗，就是一筆不小的成本。

一隻 A_2 小牛從出生到成熟泌乳，需時三年，為了避免跟 A_1 乳牛混雜，必須分群飼養。$A_2\beta$ 酪蛋白鮮乳自成獨立生產線，送乳的管線、貯存生乳的桶槽都不能混用，而且之後仍然得定期為乳牛進行基因檢驗，才能確保產出的是真正的 $A_2\beta$ 酪蛋白鮮乳。

爽字不足以形容的成就感

打造 $A_2\beta$ 酪蛋白鮮乳生產線是個大工程，台灣很少有牧場願意嘗試，而黃常禎向來勇於超越自我。當他得知，國外育種專家可以透過基因篩選，生產 $A_2\beta$ 酪蛋白鮮乳，他也躍躍欲試，而平時不太主動發言的黃彬滕，也表示贊同：「讓想喝卻不能喝牛奶的人，有機會喝到牛奶，是件很有意義的事情！」

於是他們砸下重金，從 A_2 基因配種，母牛懷孕十個月，產下小牛，等牠

長大、懷孕，生產完後開始泌乳，用了三年的時間，才誕生台灣第一瓶自產的 A₂β 酪蛋白鮮乳。

黃常禎平時內斂低調，當他終於把 A₂β 酪蛋白鮮乳做出來，也難掩內心的興奮：「爽字還不足以形容！」這款鮮乳是豐樂牧場送給台灣消費者的禮物：「真心希望，更多原本不能喝鮮奶的消費者，能夠因為 A₂β 鮮奶的攝取，得到更全面性的營養需求。」

鮮乳坊找來知名設計師方序中，和米其林二星主廚江振誠合作，負責這款 A₂β 酪蛋白鮮乳的包裝設計。沒有常見的乳牛圖案，而是以粉色圓點象徵單一乳源（白底），延伸出乳色的水滴色塊（湖水藍底），強調 A₂β 酪蛋白鮮乳的「純粹」特質。

由於 A₂β 酪蛋白鮮乳的乳源得來不易，生產成本高，售價也比原來的豐樂鮮乳高。二○二○年四月，鮮乳坊在集資平台「嘖嘖」為 A₂β 酪蛋白鮮乳進行群眾集資，目標金額是一百二十萬，最後募到了近七百五十萬，除了讓這款新產品可以穩定生產，也打響了知名度。

養牛是古老的行業，而黃常禎為這個行業加裝了噴射引擎。他積極研究國內、外最新的技術、設備，勇於投資和嘗試。他落實動物福利，致力於

生產高品質的鮮乳，跟鮮乳坊的理念無縫接軌。黃常禎成為龔建嘉第一個牧場盟友，不是沒有道理，他們的合作，像是「鋼鐵人」遇上「蝙蝠俠」，守護產業是他們共同的目標。

Chapter (12)

為老字號注入新活水：嘉明牧場

黎明即起，著裝，清除前一天的草料，洗牛舍，開始進行當天的第一次擠奶，這是嘉明牧場主人陳昭嘉開始一天的方式。

把擠完奶的乳牛送去休息，然後把剛剛預留的生乳餵小牛喝奶。晨間工作告一段落，牛舍外，陽光已十分耀眼。八點鐘，巡場獸醫抵達，逐一為乳牛直腸觸診，陳昭嘉也跟隨在旁，仔細記錄牛隻的健康狀況。接下來，他還有一些牧場的雜事要做，有幾個電話要打。

在牧場，人的作息是跟著牛的作息。擠奶、進食、休息三部曲，一天會循環兩次。乳牛休息時，陳昭嘉也稍微喘口氣。下午兩點之後，開始第二次擠奶。不知不覺中，長日將盡。擠完奶後，陳昭嘉仍留在牛舍觀察牛隻，若有發情的跡象，就要立刻準備配種，如果快要分娩了，代表半夜將有接生的任務，必須進入備戰狀態。

從睜開眼，到上床休息，陳昭嘉的一天幾乎都耗在牛棚中，按表操課，日復一日。

位於雲林崙背區的嘉明牧場，是台灣最早的酪農戶之一。陳昭嘉是第二代，自認「生來就是要養牛」的他，退伍之後接手牧場工作，他不僅繼承家業，更把養牛這門技藝發揚光大。

陳昭嘉積極向畜試所老師們學習，並大膽投資各種自動化設備，包含了全崙背第一台TMR車（可以把牛的食物混合均勻）、可以電腦連線的搾乳機、自動推草機等，在相對保守的酪農產業中，他的每一步突破，都備受關注。

每一天，陳昭嘉跟牛互動的時間，比人還要多。他觀察、記錄、分析，從牛隻日常及泌乳數值，檢視乳牛的健康狀況，隨時依照牛隻不同的狀況，調整飼養管理的方式，提高每頭牛的產能與乳品質，將牛隻的罹病率及廢棄奶量減少到最低。為了降低母牛難產率，他還自行研發出獨門的助產祕訣，連獸醫都還得向他學習。

「要嘛不做，要嘛就要做到最好！」是陳昭嘉對自己的期許。

牧場工作，早起晚睡，全年無休，非常需要體力，也極其消耗心力。為

了養好牛，只能將自己完全奉獻其中。一路走來，除了自己，陳昭嘉還有一位賢內助，兩人胼手胝足，將嘉明牧場打造成在地乳量、乳品質都名列前茅的牧場。

然而，長年積勞成疾，對健康造成很大的傷害。陳昭嘉體恤妻子的辛苦，而自己立下的退休門檻，就是養牛三十年、產乳量五噸，如今都已達標。大半生都投入養牛事業中，即使心有不捨，陳昭嘉知道，是該好好休息的時候了。

二○一九年五月一日，嘉明牧場的第一萬四千六百三十五天。一如過往，他清晨出現在牛舍，完成一天的工作，直到夜幕低垂，他才緩緩離開，與牛為伍的生涯，畫上了句點。

從明天開始，嘉明牧場將交由新的團隊經營。

大品牌邀約不斷，他獨鍾鮮乳坊

嘉明牧場地處崙背酪農區，附近有好幾十家酪農戶。多數的牧場都是將生乳交給同一家乳品公司，聲息相通，酪農戶對彼此的交乳量都有概念。

養牛資歷40年的陳昭嘉（左）和賢內助廖素妹
（右），早起晚睡，全年無休，養出崙背酪農區難以
望其項背的標竿。

在那一帶，大家都知道嘉明牧場牛養得好，由於陳昭嘉一向作風低調，又顯得特別神祕。

繼豐樂牧場之後，龔建嘉持續尋找第二個合作牧場，而他選擇牧場的指標很清楚，就是只跟好牧場合作。他從「春穀」時期，就在當地服務，對嘉明牧場的風評早有耳聞，後來又有機會為嘉明牧場提供獸醫服務，便主動出擊，詢問陳昭嘉是否願意跟鮮乳坊合作，並簡單說明了合作的條件。

當下，陳昭嘉保持一貫話少的作風，並沒有給龔建嘉任何答覆。

龔建嘉知道，更換乳品公司是牧場的大事，鮮乳坊當時成立不久，規模也小，對於能否合作，龔建嘉能定案。而且，鮮乳坊當時成立不久，規模也小，對於能否合作，龔建嘉其實沒有信心。

然而，就在下一次龔建嘉去「摸牛」時，陳昭嘉主動問他說：「你上次提的事，我有興趣，那要怎麼做？」兩人很快把合作條件確認過一遍，就把事情談定了。

龔建嘉後來才知道，二○一四年食安風暴後，乳品公司版塊位移，幾家大型牛奶公司都曾積極叩門，希望能將嘉明牧場納入旗下，陳昭嘉都沒有點頭。或許是龔建嘉的獸醫服務贏得他的信賴，或許是他認為產業需要有

所改變，陳昭嘉決定把機會給了剛起步的鮮乳坊。

「因為嘉明牧場的加入，鮮乳坊真正開始有了乳品公司的規模，而且，也從原本的彰化，版圖拓展到了雲林，算是一個里程碑，」龔建嘉說。

知名設計師神助攻，進軍大眾市場

由於跟豐樂牧場合作的是大瓶裝的鮮乳，鮮乳坊想以嘉明牧場做為「隨手小瓶裝」的試金石。不過，要獨立包下另一個牧場的乳量，滿足工廠產線兩頓起跳的最低製造量，對於才剛成立一年的鮮乳坊，有點難以負荷。

於是，龔建嘉又展開了第二次群眾集資，兩個月內成功達到預購十三萬罐的門檻。

集資成功只是認養牧場的敲門磚，之後還必須找到配合的通路，才能穩定生產。小瓶裝鮮乳最適合的通路，就是超商，然而，新品牌要進軍超商並不容易，通常一開始就被擋在採購那一關。後來是負責業務開發的郭哲佑，主動向全家超商會長潘進丁毛遂自薦，才爭取跟全家提案的機會。

先前牧場認養的集資專案，等於是為嘉明鮮乳進行了第一波的行銷，預

聶永真操刀的「嘉明鮮乳」瓶身設計，讓消費者耳目一新，後來更受到各大乳、飲品公司爭相仿效。

購十三萬罐的成績，讓全家看到了商品的潛力，決定支持嘉明鮮乳上市。

嘉明鮮奶未上市先轟動，在集資階段就蔚為話題，知名設計師聶永真操刀的瓶身包裝，有很大的加分。

圓弧瓶身，白底，一條細線居中區隔，上面標明著「嘉明鮮乳」、「鮮乳坊」、「獸醫把關」、「小農直送」，下面則是「來自雲林崙背」、「一〇〇％生乳使用」，搭配著黑色的乳牛斑點。資訊量不少，卻不凌亂，一目了然。有別過往鮮乳包裝，不脫乳牛、牧場等圖像的框架，聶永真簡單、清爽的設計風格，彷彿在瓶身上寫詩，不但獨樹一幟，也呼應了嘉明鮮乳清甜爽口的特質。

鮮乳坊會找上聶永真合作，有個有趣的契機。某天，聶永真在臉書上貼出了他為某款濕紙巾所做的設計，提到自己的極簡風格過不了業務銷售那一關。龔建嘉有朋友轉貼了這篇貼

文。這款濕紙巾包裝設計是黑白色調，龔建嘉覺得跟乳牛有點相似，便主動傳訊息給聶永真，簡單介紹了自己和鮮乳坊，想請教他對於牛奶包裝的想法。

聶永真約了龔建嘉見面，龔建嘉提到了嘉明牧場的認養集資，聶永真問他：「我可以怎麼幫忙？」就在龔建嘉的邀請下，聶永真接下了嘉明鮮乳的包裝設計。

龔建嘉對設計圈不熟，並不清楚聶永真在業界的地位，正因為「初生之犢不怕虎」的勇氣，促成了鮮乳坊跟「大神級」的設計師合作。

設計過程中，還有個插曲。嘉明牧場原本的名稱是「嘉銘牧場」，陳昭嘉說：「這個名字是我父親取的。從我和我大兒子羿銘的名字中，各取一字組合而成。」對一家人來說意義非凡。聶永真從視覺設計的角度，認為「明」看起來比較輕盈明亮，更能符合牧場的形象，建議改為「嘉明牧場」。

龔建嘉知道，要牧場改名，此舉非同小可，更不要說，名稱原本就有特殊意義。他鼓起勇氣，向陳昭嘉提及此事，陳昭嘉心態很開明，二話不說，就答應了。

從「嘉銘」到「嘉明」，一字之差，彷彿更為牧場的形象，打上了一道

光。簡單乾淨的設計，讓嘉明鮮乳有了辨識度，在市場上找到定位。

二〇一六年，集資認養成功後，鮮乳坊跟嘉明牧場一直保持良好的合作關係。直到二〇一九年，陳昭嘉向龔建嘉透露退休的念頭，由於下一代並沒有意願接手，牧場不是關閉，就是轉讓他人。

龔建嘉不忍看到，用心經營四十多年的牧場走入歷史。於是，他大膽做了一個決定，找來一支年輕的團隊來承接嘉明牧場的經營，領軍者則是長期合作的營養師韓宗論。

交棒新血，為產業帶來希望

平時總是穿著牛仔吊帶褲的韓宗論，帶著幾分「牧場男孩」的氣質，是名乳牛營養師，也是牧場管理規劃師。他是高雄人，因為對動物感興趣，大學念的是中興大學動物科學系（前身為畜牧系），後來還念了同系的研究所。牧場動物中，他對乳牛情有獨鍾：「我覺得乳牛是有靈性的動物，而且跟人類的關係也比較深厚。」

畢業後，他在當時最大的乳品公司擔任儲備幹部，不論是乳牛的營養、

韓宗諭（右）領軍的團隊，除了把牛養好，更希望
能改善牧場工作環境，吸引更多年輕人加入酪農業。

牧場的管理，他都有涉獵，一待就是七年，最後當到了日糧營養部的主管，地位類似總配方師。

就像是人類生產前後，都需要特別的營養照顧，乳牛也是一樣。乳牛吃得營養，健康狀況良好，乳量、乳品質都會提高。而乳牛每個階段所需要的營養，就是從配方去調整。

雖然當到總配方師，韓宗諭更想往牧場經營去發展，於是他被邀請到另一家乳品公司，原本有機會負責新牧場的營運，後來發現跟預期有出入，就轉型為獨立顧問。他找來學弟、學妹組織團隊，為不同的牧場提供服務。

龔建嘉是韓宗諭前東家牧場的獸醫，兩人結緣後，因為理念相近，都希望酪農可以把牛養得更好，龔建嘉便借重韓宗諭的專業，協助鮮乳坊合作牧場的第一線管理。

包括了豐樂牧場、幸運兒牧場、許慶良牧場，都在韓宗諭的輔導下，乳牛的健康狀況和乳產量，表現更上一層樓。當嘉明牧場需要找新的經營團隊，龔建嘉第一個想到的人選，當然就是韓宗諭。

接手嘉明牧場後，韓宗諭做了不少硬體的改變，像是擴建了小牛飼養區、增加搾乳區的空間，乳牛休息的軟墊全面換新，並裝置了大型風扇，

改善牛舍的通風。比較棘手的是，牧場原先的格局動線不佳，各種例行工作都得花更長的時間去完成，拉長了現場人員的工時。

而勞工的權益，又是他很重視的一環。

嘉明牧場的現場人員約有十一位，夥伴宿舍就在牧場附近。這天早上，晨間工作告一段落，眾人聚集在宿舍的公共空間開會。

當天會議的討論重點是工時問題。主持會議的韓宗諭請大家提出意見，如何透過人力的配置，提升作業的效率。

現場的發言，並不是太踴躍，韓宗諭的表情顯得有點嚴肅。「我希望大家能多思考，如何有效降低工時，夥伴過勞並不是我們樂見的狀況，」他語重心長的說。

牧場走向企業化經營

台灣的牧場多數是家族經營，酪農是校長兼撞鐘，從早工作到晚，全年無休，就算是聘請員工，通常也期待他們跟自己一樣，完全投入，長時間工作。由於牧場工作太辛苦，年輕人參與的意願很低。

韓宗諭的想法不同，他把公司管理的思維，帶進牧場的營運。為了讓夥伴可以正常休息，嘉明牧場的人力，比同規模的牧場要多出許多。他還規劃了升遷制度，幫助夥伴做生涯規劃。韓宗諭會跟夥伴做一對一的面談，聆聽他們對牧場工作的想法。讓更多年輕人願意扎根在牧場中，台灣的酪農業才有未來。

嘉明牧場由陳昭嘉父親創立，在他手上發揚光大，成為飼養乳牛的標竿，如今，交棒在韓宗諭和年輕團隊手上，除了繼續把牛養好，第一線人力也要獲得善待，建立新一代牧場經營的典範，為這個老字號的牧場，注入永續發展的新活水。

Chapter 13

做得比牛還像牛：
幸運兒牧場

幸運兒牧場主人陳界全和妻子吳碧莉，站在門前的空地上。他們在苗圃訂購的樹苗剛送到，有圓柏、紫檀、桂花等。店家很慷慨，整車的植栽，連賣帶送，只收他們一萬多元。

三年前，牧場搬到現址。他們把牛放在第一順位，先把牛舍蓋好，一家人則住在旁邊臨時的鐵皮屋裡。牧場上軌道了，他們行有餘力，才開始蓋新家、美化環境，著手建構理想的家園。

這對夫妻是冷與熱、靜與動的組合，陳界全話少、內斂，不輕易發言，但是一開口就能命中要害；吳碧莉熱情、風趣，隨時都能打開話匣子，侃而談。雖然有反差，兩個人同樣帶給人溫暖、真誠的感受。

他們原本就是同一個村子的人，一個住村子頭，一個住村子尾，陳界全還是吳碧莉哥哥的同學，不過，年少時並沒有特別的交集。兩人後來都到外地

求學，陳界全在台北念工科，吳碧莉在台中念商，畢業後都留在當地工作。

家中長輩安排未婚的兩人相親，約了兩次會，雙方的父母直接拍板婚事，兩人也沒異議，三個月內就完成訂婚和結婚。婚後，吳碧莉跟著另一半落腳台北，體質敏感的她，對於台北的潮濕、悶熱、高物價生活，一直不太適應，很想遷居台中，但是陳界全不願意。

後來，吳碧莉懷了大女兒玉卉，因為醫師告知有胎盤鈣化，恐有早產危機，陳界全安排她返回雲林待產。沒幾天，陳界全也打包返鄉，吳碧莉才知道他已經辭去工作、退掉租屋，不打算留在台北了。

夫妻倆在雲林展開新生活。陳界全家裡有田地，種西瓜和香瓜，吳碧莉一開始也跟著在田裡工作。有一天，她在田裡不支昏倒，由於四下無人，後來還是自己甦醒過來。她自忖不適合下田，跟陳界全商量改做別的。在地農家有人養雞，有人養豬，但是陳界全對味道敏感，全都否決了，吳碧莉建議：「不如我們來養牛。」

兩人對養牛一無所知。所幸吳碧莉有個表哥許慶良在養牛，便登門請教。許慶良夫婦勸他們要三思，養牛辛苦，日夜操勞，沒有休閒娛樂，就算賺了錢，也沒時間花錢，言下之意就是「別跳火坑」。

吳碧莉不但沒有打退堂鼓，甚至對養牛還更感興趣：「能賺錢，又沒時間花錢，不就可以好好存錢，哪有比養牛更好的行業？」考慮了幾天，陳界全夫婦來找許慶良，表示還是想養牛。

許慶良看他們意志堅定，便把買牛、養牛相關的人脈資源，傾囊相授。他自謙能力有限，引薦陳界全夫婦去找在地一位更資深的養牛專家戴文雄。

走上養牛的路，義無反顧

當時陳界全三十歲，吳碧莉二十八歲，他們並非繼承家業，而是要從零開始養牛，戴文雄認為他們吃不了苦，一定會半途而廢，一開始也給了他們軟釘子碰。陳界全夫婦採取三顧茅廬的策略，一再上門，陪戴文雄聊天，聊了幾次，戴文雄感受到他們誠意，才鬆口願意幫忙。

這對夫婦在養牛這條路上，遇到了很多貴人，許慶良幫他們跨出第一步，戴文雄引導他們走在正確的方向上。從牛舍要怎麼搭建、要買什麼機器，到牛出現異常時該怎麼處置，都有戴文雄在背後指點。一個剛冒出來、沒什麼名氣的新牧場，要找到乳品公司收乳，並不容易，也是靠著戴

文雄穿針引線，他們得以跟最大的乳品公司合作。

在戴文雄的指導下，陳界全開始蓋牛舍。比起一般牧場低矮的牛舍，戴文雄幫他們考量了未來的發展性，蓋出來的牛舍挑高又寬敞。在蓋牛舍的同時，透過許慶良友人吳定輝的介紹，陳界全買了三十七隻未懷孕的女牛，先寄放在牛商那邊，他每天一早先趕過去餵牛，餵完再趕回來蓋牛舍，三個月後牛舍完工，把牛趕回來，牧場才正式成形。

陳界全夫婦是白手起家的酪農戶，雖然一路都有貴人相助，最後還是得靠自己的雙手來養牛。有了牧場後，老二陳品至、老三陳芊卉又接連出生，要養牛又得帶孩子，對他們是不小的考驗。慶幸的是，雙方的家長都很支持他們。陳界全的父母忙完田裡的事，會幫忙看孩子；吳碧莉的父母晚上幫忙顧牛舍，避免牛被偷走。經營牧場不只是陳界全夫婦的事，也是兩個家族的事。

兩年半後，陳界全的弟弟也進來一起養牛，牧場多了人手，經營也更能上軌道。

當年，戴文雄曾經提醒過這對養牛新手：「當你做得比牛還像牛，你就成功了。」多年來，陳界全夫婦一直謹記著這句話。

陳界全（右一）、吳碧莉（右二）的三個孩子從小
跟著乳牛一起長大，如今都是傑出的牧場職人。

一開始，他們不知道養牛有多難，以為只要餵牛、搾乳，乳品公司來收乳，錢就會一直流進荷包。直到有一次，他們在許慶良牧場看到了母牛發生少見的子宮脫垂，場面十分嚇人，如果沒有請獸醫馬上前來矯正，母牛就會失血過多死亡，陳界全夫婦才體會養牛會遇到多少狀況。

乳牛必須經過懷孕、分娩，才會泌乳。從懷孕到順利產下小牛那一刻，母牛可能流產、難產，小牛可能夭折，每一種狀況發生，都代表牧場得經歷一次的危機處理。

有一年的除夕夜，牧場有母牛難產了，陳界全趕緊找獸醫來處理，都還來不及喘口氣，另一隻母牛也難產了，又得急電獸醫出診。整個除夕夜就在忙亂中度過。

陳界全話少，表情不多，卻是很有主見的人。當他決定把事情做好，就是義無反顧，沒有保留餘地。他們小心翼翼照顧每一頭牛，沒有假期，沒有娛樂，甚至在親友的婚慶中缺席，因為牧場對他們就是這麼重要。

他們所養的牛，牛奶一直有很好的品質。牛奶體細胞數，是檢視乳牛健康與鮮奶品質的重要指標之一。體細胞數愈少，代表乳牛愈健康，鮮奶品質愈好。市售的 A 級鮮奶，體細胞的標準是三十萬，他們的牛奶，體細胞

經常是在二十萬以下，甚至還曾低於十萬。

然而，酪農牛養得再好，由乳品公司掌控的產銷體制，仍是無法動搖的鐵板一塊。齊頭式平等的收乳方式，酪農的用心無法獲得應有的回饋。當牛奶盛產時，乳品公司減量收購，就是所謂的「限奶」，多出的剩餘奶，酪農如果不是忍痛倒掉，乳品公司提供另一種解決方案，就是協助製作成保久奶，但是酪農必須自己出錢，並自尋管道消化。

陳界全夫婦不忍看到自家牛奶盡付流水，就自掏腰包製作保久奶，勉強透過以前認識的零售通路幫忙銷貨，但是也只能維持不賺不賠。

他們還遇過有小型乳品公司出來收購剩餘奶，結果對方收了奶卻不給錢，陳界全跟著其他受害的酪農戶前去討公道，當事人神隱不露面，他太太居然還出來給這群酪農「洗臉」：「啊呀，這個社會是怎麼了，有錢就有人格，沒錢就沒尊嚴。」

養牛二十多年，陳界全夫婦看透了酪農在整個產業中的處境。酪農基本上都是莊稼人性格，即使長期面對不公平的對待，不到忍無可忍，通常還是選擇安於現狀，不會輕易改變。

二〇一四年某集團爆發了黑心油事件，旗下知名牛奶公司遭到消費者抵

制，為平靜的酪農界掀起波瀾。

很多酪農長期跟該公司配合，大家開始擔心，在銷售重創下，廠商會不會又採取「限奶」做為因應之道。雖然在這波抵制中，該大廠並沒有改變收乳政策，但是，對限奶的不安，加上自家生乳受到品牌連累，導致消費者的不信任，也讓酪農感到難過。此時有其他乳品公司伺機來詢問合作意願，陸續有酪農契約期滿後，選擇換別的廠商合作，陳界全和弟弟共同經營的牧場，也是其中之一。

不過，換了新的合作對象，合作模式沒什麼改變，還是酪農產奶，廠商來收奶，消費者只知道鮮乳品牌，對背後的生產者，仍然一無所知。

向不公平的產銷制度說「不」

吳碧莉對於那名高高瘦瘦的年輕人，第一印象很不錯。

「春穀」的老闆帶著他一起登門拜訪，介紹他是台大獸醫研究所畢業。吳碧莉觀察這個叫作龔建嘉的年輕人，學歷亮眼，卻不愛現，坐下來只是靜靜聆聽，有個特質她很欣賞，就是「不插嘴」。

當她知道龔建嘉自立門戶，成為獨立的巡場獸醫，就開始找他合作。吳碧莉的想法是，牧場未來會由兒子接班，原本合作多年的獸醫，算是兒子的父執輩，兩人的溝通一定會有世代的差距，讓年紀比較相近的龔建嘉來跟兒子合作，也是一種傳承的規劃。

陳界全夫婦一直默默觀察著龔建嘉，看他從一個巡場獸醫，開始創立了鮮乳坊，陸續有豐樂牧場、嘉明牧場加入，而且還做得有聲有色。「這年輕人是玩真的！」他們看待龔建嘉的心情，跟當年戴文雄看待他們，應該有幾分類似。

吳碧莉原本就有成立品牌的念頭，鮮乳坊不只是收奶，也為牧場打造品牌，讓她十分心動，於是就私下問龔建嘉：「你們還在找第三家牧場嗎？」透露出想要合作的意願。

龔建嘉一直很欣賞這對白手起家的夫妻，對於可以進一步合作，當然樂見其成。不過，要談定這件事，吳碧莉還需要幾個人同意——先生、小叔、兒子。

年輕的陳品至認同鮮乳坊的做法，吳碧莉還需要幾個人同意——先生、小叔、兒子。

年輕的陳品至認同鮮乳坊的做法，陳界全不出聲就代表贊成，而他弟弟還是習慣傳統的合作模式，認為成立品牌，會造成困擾。對於牧場未來要怎麼走，兩家人已有不同的想法。考慮到弟弟的兒子也大了，可以準備接班，陳界全認為，兄弟合作經營牧場多年，也該是開枝散葉的時候了。

打開知名度，找到職人榮光

於是他申請新的牧場登記證，取名「幸運兒」，跟鮮乳坊展開合作，同時也著手興建新場。二〇一八年三月十八日，陳界全一家搬進了新牧場。搬家當天，鮮乳坊還安排專業的影音團隊，前往現場拍片記錄。鏡頭中，全家人都換上了鵝黃色上衣，笑得很燦爛，陳界全訴說了感謝的心情時，難得感性，還紅了眼眶。

鮮乳坊簽下幸運兒牧場時，連鎖咖啡品牌路易莎正為了找到好的乳品供應夥伴，展開「尋奶計畫」。龔建嘉得知後，便帶著路易莎創辦人黃銘賢與團隊走入牧場，認識酪農產業，並且向他們大力推薦幸運兒鮮乳。幸運兒鮮乳因為生乳品質非常好，風味和口感的表現非常突出，在打發成奶泡時不但發泡性好，奶泡又能維持長時間，不易消退，非常適合搭配咖啡。後來便促成路易莎團隊在鮮乳坊合作的牧場中，主要認養幸運兒牧場。

靠著路易莎可觀的門市數，B2B（以咖啡店為主）一度竄升為鮮乳坊的業務主力，後來才由零售通路趕上。路易莎也因為幸運兒鮮乳的乳脂肪與乳蛋白含量高，奶泡細緻綿密，在門市中全新推出小農奶霜系列商品，增

添了和其他連鎖咖啡品牌的差異化。認養幸運兒牧場的緣分，更讓路易莎

與農民產生了新的連結，由於合作前期，剛好進入鮮乳銷售淡季，透過路

易莎小農日的推廣，帶起了一股支持農民的風潮，讓冬季產量較多的生乳

因為熱拿鐵而提高銷量，解決了冬季奶量過剩的問題。

鮮乳坊的牧場團隊也協助幸運兒的牧場管理。牧場管理規劃師韓宗諭觀

察，陳界全夫婦屬於緩步前進，但是每一步都很扎實的酪農，團隊只需要

幫忙微調，讓牧場的表現更穩定。

有了自己的品牌後，幸運兒牧場也打開了知名度。有媒體前來採訪，鮮乳

坊也會辦活動，安排「奶粉」參觀牧場，對於陳界全夫婦，都是很新鮮的經

驗。他們不再藏身幕後，而是站出來直接跟消費者對話。他們很重視消費者

對自家牛奶的評價，任何一張社群媒體上的分享照片，都會讓他們非常開心。

「其實，酪農也是需要成就感的，」吳碧莉幽幽的說。消費者的回饋，也

成了他們鞭策自己要做得更好的動力。

她還記得，剛開始回來養牛時，曾有附近的親友當著她的面說：「讀到專

科，還不是回來養牛？」吳碧莉聽在耳中，心裡很痛，也只能笑著自嘲：

「對啊，我每天都在摸牛屎呢。」

業，很高級的。」

如今，他們找回了酪農的榮耀感，「我們不只是養牛，我們是從事酪農

職人精神，繼續發揚光大

晨間的幸運兒牧場，是上緊發條的時鐘，沒有一分鐘可以浪費。

完成了搾乳工作後，牧場第二代陳品至、陳芊卉分別投入不同的任務。

哥哥陳品至開著鏟裝機（俗稱山貓）推運草料，妹妹陳芊卉則負責拌草。

接下來，陳品至逐一檢查牛隻的健康狀況，剛生產完的牛需要打營養針，

牛蹄過度生長的牛，則要削蹄；陳芊卉餵完女牛（尚未生產的母牛），若手

上沒有別的事，就去幫忙哥哥。

兄妹倆早上五點半起來，一直忙到九點半，晨間工作告一段落，一家人

才能坐下休息、吃早餐。

酪農的孩子，牛是寵物，牧場是遊樂園。陳品至從小看著父親開山貓，

自己摸索著也懂得操作，把山貓當玩具，當時他才上幼稚園。稍懂人事

後，就開始參與牧場工作，從洗搾乳時使用的毛巾做起。升上國中，比較

「牧二代」陳品至（上）、陳芊卉（下）將所學帶回家中，結合傳承自爸媽的武林絕學，是酪農業閃閃發光的明日之星。

有體力了，就幫忙裝乳杯搾乳。

如今，兄妹倆都已經二十出頭，都是乖巧、懂事的年輕人。從學校畢業後，他們沒有想太多，理所當然就是回家幫忙牧場的事。

陳品至高職念畜產保健，後來去嘉義大學動物科學系念夜間部，在豆漿工廠有了份正職的工作。當時陳界全和弟弟還沒分家，原本在牧場工作的堂哥要去當兵，家裡就找他回來幫忙，他每天嘉義、雲林兩地開車通勤。

後來開了幸運兒牧場，他持續投入，也沒動念要找其他的工作。

上一代人養牛，通常就是埋頭苦做，從經驗摸索，像陳品至這樣的「牧二代」，開始重視數據管理。跟鮮乳坊合作的牧場，每個月都會開一次月會，從數據分析中，找出畜舍設備和糧草配方中，需要調整的地方。陳品至受到不少啟發，他入伍服役時，還特別帶著一整年的牧場管理報告，利用空檔閱讀、學習。

配種是牧場的大事，也是「牧二代」必須學好的技術。退伍後，陳品至就跟著父親學配種。技術好的人，配種就是「快、狠、準」，三五分鐘就完成，而且成功率很高。做為配種新手，陳品至有幾個月的撞牆期，花的時間長，成功率不高，不過，經驗累積下，他已經抓到訣竅，愈做愈好。

陳芊卉念的是屏科大農企業管理系，所學比較偏管理層面。畢業後，她還是從基本功練起，接手父親拌草、餵女牛等工作。即使牧場工作從小看到大，自己親手操作，一開始還是有學習曲線，像是開拌草機時，前半個月經常零件故障，所幸哥哥都會幫忙修理。

她曾經到鮮乳坊辦公室實習，參與行政工作，收穫很多。年輕的她，眼中望出去的世界，還充滿各種可能。不論未來的路怎麼走，這個家都會是她堅強的後盾。

家中的孩子，都是陳界全命名，「幸運兒」這三個字，也是他想出來的。

他認為，一路走來，都有貴人相助，才有牧場現在的成績，透過「幸運兒」，他表達滿心的感恩。

事實上，他們也是自己的貴人。每一天的牧場工作，他們從未偷懶、鬆懈，做得比牛還像牛，只因為對這個家有承諾，對這個產業有堅持。他們所經營的牧場，充滿了愛與幸福的能量，因此，每一個喝到幸運兒鮮乳的消費者，也都是幸運兒。

Chapter (14)

守護父親的名字：
許慶良牧場

每個月，鮮乳坊合作的牧場，都會開一次月會，由營養師、牧場管理規劃師韓宗諭負責報告，他將一個月蒐集的資料，整理成報表，他讓數據說話，牧場的營運狀況一目了然。

這天早上，是在許慶良牧場開月會。與會者除了鮮乳坊團隊，還有許慶良一家人，包括了許太太王賴、兒子許東森、許登畯，媳婦辛雅楹、楊宜潔，把客廳擠得十分熱鬧。

雖說是月會，氣氛卻很輕鬆，桌面堆滿了食物，女主人王賴總是在客人不知不覺間，添上一盤水果切片，往空掉的杯子裡倒滿許慶良鮮乳。

養了四十年牛的許慶良聽完韓宗諭的報告，有感而發：「以前的人養牛，都是靠自己那一套，覺得牛只要能產乳，吃什麼都好，從來沒想到飼料吃得對不對、會不會吃太多或太少，謝謝你們提供這些數據，讓我們知道該

「你兩隻手不夠力，我兩隻手來幫忙。」妻子王賴（左四）的鼓勵，是許慶良（右四）四十年來最重要的支持力量。如今牧場交棒第二代許東森（右三）、許登畯（左三）兄弟共同經營。

如何改進。」

他曾經是位北漂青年，西螺農工畜牧獸醫系畢業後，因為農村找工作不易，在北部當完兵，就在板橋的成衣工廠工作，負責剪裁，因而認識了做車工的王賴，兩人自由戀愛、結婚。

許慶良在北部待了五、六年，即使薪水不錯，家鄉始終在內心深處召喚著他，跟太太溝通過之後，兩人放下北部的一切，回到雲林打拚。

正值七〇年代，政府在推廣台灣的酪農業，大型乳品公司崛起，養牛保證有人收奶，崙背當地就增加了好幾戶酪農，許慶良也是其中之一。他借了五十萬元的青年創業貸款，和太太兩個人搭建出簡單的牧場，從十五頭小牛開始養起，前三年還沒辦法產乳，等於沒有收入，只能靠著之前的存款咬牙苦撐。

當年沒有自動化設備，從種草、割草，到搾乳，凡事只能靠自己的雙手，工作成了他們生活的全部。每天早晨一睜開眼，兩夫妻是先想辦法如何餵飽牛，接下來才是照顧孩子，更不要說考慮到自己。

身為酪農的另一半，王賴跟著丈夫每天工作十四小時。割草時不慎劃傷手，簡單包紮後繼續幹活。懷著身孕，也沒有休息的打算，工作到臨盆

前一刻，才趕緊去找產婆幫忙。創業初期，家裡幾個孩子，年紀都小，忙到分身乏術的她，回家時看到孩子餓著肚子，哭到睡著，而尿布早已經濕透，無法善盡母職，她心痛不已。

許慶良知道，妻子為這座牧場付出太多。當王賴說起揪心往事，總是潸然淚下，許慶良的心情有感激，也有疼惜，「我一輩子還妳還不完。」

堅持「給牛最好的」

在農村，人際關係緊密，許慶良夫婦養牛，全村的人都在看。有人潑冷水，說養牛養得像他們這麼辛苦，根本沒人敢養。

許慶良要為自己爭一口氣：「不管多辛苦，一定要做成功，絕對不能讓人看不起。」妻子鼓勵他：「你有兩隻手，我也有兩隻手，你兩隻手不夠力，我兩隻手來幫忙，我們一起就有四隻手，一定可以把牧場做成功。」

畜牧獸醫的學歷背景，對許慶良養牛，多少帶來加分。當牛生病時，他可以做簡單的醫療處置，對於乳牛的育種、飼養管理，觀念也更加確實。

當人工育種還不盛行時，許慶良就開始拿著書本，練習幫乳牛配種。

不過，許慶良把牛養好的真正關鍵，是「給牛最好的」。他看過有人養牛，早上餵完牛，就跑出去做別的工作，然後再回來餵牛。人一心二用，牛吃不飽，也吃不好，當然也養不好。

許慶良相信，對牛好，牛就會回饋好的牛奶。當其他牧場會在草料上壓低成本，許慶良則是跟廠商訂購最好的草料，加上乳牛營養補給品，每日飼糧費高於一般水準，日產乳量平均達三十公斤（一般牧場大概二十一公斤），鮮乳營養值遠超過業界標準，就是他所獲得的回饋，並在二〇〇五年，獲得了農委會「五梅獎」的殊榮。

過去許慶良牧場一直跟龍頭乳品公司合作，食安風暴後，許多酪農醞釀跳槽，有些原本二線的乳品公司趁機挖角，許慶良牧場因為牛奶品質好，也受到青睞，就順勢換了乳品公司。

合約滿三年，鮮乳坊提出了合作的邀請。在談合作條件時，龔建嘉特別提到，鮮乳坊不只是收購生乳，還會協助他們找出牧場工作的盲點，讓不足之處獲得改進，建立更強大的競爭優勢，這一點打動了許慶良，養牛養了大半輩子，他最大的心願，就是自家牧場能夠永續發展。

龔建嘉剛到南部發展時，在牛隻保健食品公司「春穀」服務，經常拜訪

酪農，即使酪農知道龔建嘉可以提供獸醫服務，因為不了解他的實力，加上自己通常也有配合的獸醫，並不會主動找他。

那天，龔建嘉去拜訪許慶良牧場，有隻乳牛產後無法站立，之前什麼方法都用過了，效果不彰，許慶良就決定讓龔建嘉試試看。龔建嘉曾經跟恩師蕭火城學過動物針灸，正好派上用場。原本站不起來的乳牛，針灸之後，大約十到十五分鐘，居然站起來了。

許慶良看到了龔建嘉的技術，除了開始請他來牧場「摸牛」，也向在地其他酪農戶推薦龔建嘉的獸醫服務。由於許慶良在崙背一帶，頗具聲望，有他的背書，龔建嘉在當地逐漸打開了獸醫服務的市場。

許慶良是龔建嘉可以立足南部，成為獨立巡場獸醫的貴人。當他在尋找新的合作牧場時，很自然就想到了許慶良牧場：「他們這麼照顧我，我們可不可以發展出更緊密的合作關係，讓我也可以照顧他們？」

幸運兒牧場的女主人吳碧莉跟許慶良有親戚關係，由她主動扮演橋梁，許慶良對於鮮乳坊要推出新品牌，合作案很快就水到渠成。

鮮乳坊要推出新品牌，首先要規劃販售的通路。豐樂鮮乳是微風超市、Jasons Market Place、聖德科斯、主婦聯盟等，嘉明鮮乳是全家便利商店，

幸運兒鮮乳是路易莎連鎖咖啡。至於許慶良鮮乳，則是遇到家樂福推動「食物轉型計畫」契機，二○一八年先在家樂福上架，之後全家也跟進，二○一九年九月起，手搖飲品牌「大苑子」跟鮮乳坊開始合作，使用的也是許慶良鮮乳。

這麼棒的鮮奶，值得被看見

繼嘉明鮮乳簡約清爽的包裝，許慶良鮮乳的牛奶盒設計，則採取了版畫風的插畫，將「高優質鮮乳」、「職人精神」、「獸醫把關」、「傳承四十年的堅持」等重點，搭配文字敘述呈現，獨特的風格，在業界也是創舉。

鮮乳坊推廣合作牧場的牛奶時，除了食物的本質，也希望傳遞更多文化意涵。因此，團隊在討論許慶良鮮乳的包裝時，經過熱烈的討論，決定跟在地藝術家合作，讓牛奶的包裝更具人文氣息。

他們找來的是「二搞創意無限公司」，這是一對兄弟檔，哥哥郭漁、弟弟良根，他們擅長台灣在地懷舊風格，曾參與日本品牌優衣庫（UNIQLO）T恤設計、台北國際書展主視覺設計。

鮮乳坊安排兄倆到許慶良牧場參訪，兩人在現場靜靜聆聽介紹，也和乳牛互動，用心感受牧場的氛圍。「許慶良先生本人做事的態度，很像日本職人的精神，把一件事情用心做三、四十年。」良根後來分享了他的心得：

「雖然是不同的產業，但我也熱切的感受到許慶良先生的心情，就像我堅持在繪圖創作的路上，樂在其中而忘了時間。」

良根以許慶良夫婦，以及兩名兒子為主角，畫下他們在進行拌草料、搾乳、餵小牛等例行工作的場景，四人神韻活躍於紙上，為牛奶盒包裝賦予了美學的昇華。「二搞」也以這款設計，拿到了台灣設計研究所所舉辦的「金點設計獎」。

許慶良鮮奶在家樂福上架時，鮮乳坊和家樂福聯合舉辦了記者會。那一天，數十年沒有來過台北的許慶良夫婦特別北上。低調害羞的他們，並沒有在記者會上現身，而是在活動結束，悄悄來到入口處的大看板拍照留念，臉上難掩雀躍。

這是四十年來，他們的牧場第一次被人看見。

從四隻手到很多隻手

夜間，牛舍裡出生了一隻小牛。

許慶良的大兒子許東森，趕緊檢查小牛呼吸是否正常，然後消毒臍帶、灌食防腹瀉的藥劑，接著餵初乳，好不容易完成小牛的安置，已經是凌晨兩點。

經營牧場，必須二十四小時待命，三百六十五天無休，許東森從小看著父母親過著這樣的生活，而他一度想要擺脫相同的命運。

從有記憶開始，許東森就是整天與牛為伍。身上穿的衣服，洗完就晾在牛舍，在學校裡，同學嫌他身上有牛舍味，誰都知道他家裡養牛。父母埋首牧場工作，小孩只能自力更生，許東森是老大，還要負責照顧弟弟、妹妹，幫弟弟許登晙洗澡，就是他兒時的例行工作之一。

牧場沒有假期，全家出遊是奢望。許東森聽同學炫耀去動物園玩，回家跟父親提起，父親只是淡淡回他：「家裡就有動物可看。」他大學念的是機械工程系，擺明了不想接班，還一度放話：「如果把牧場交給我，我就把牛全部賣掉。」

許東森不希望自己的人生再被牧場綁住。

退伍後，許東森出外找工作，曾經做過運動器材的研發，在外頭繞了一圈，發現並不如自己預期的有趣，而且父親年紀也大了，他不忍心看到父母辛苦半生的心血後繼無人，念頭一轉，他決定回家跟父親一起經營牧場。

此時，許慶良牧場又出現了一位貴人。中興大學動物科學系博士陳昭仁初入社會時，就認識許慶良一家，對他們的養牛理念非常認同，他協助許東森以數據檢測乳牛的營養攝取狀況，並以「完全混合日糧」的ＴＭＲ（Total Mixed Ration）技術，餵養乳牛應攝取的營養。營養均衡後，每頭牛的每日產乳量從二十公斤，迅速提升，如今每天都能穩定產出三十公斤以上，連在夏季的泌乳低峰期也能有二十八公斤左右的日產量，在台灣是非常頂尖的水準。

許慶良是以「職人精神」，把事情做到最好的態度養牛，第二代的許東森再導入科技化的方式，革新牧場的飼養管理，大幅提升產能，是牧場傳承的絕佳示範。

許東森的長相、神情，比較像父親，相較之下，弟弟許登峻就偏向母親那一邊，圓臉上掛著和氣的笑容，是個戀家的小兒子。

許登峻是父母返鄉開牧場後才出生，先天就跟牧場有很深的連結。他從

兩位兒媳辛雅楹（左二）、楊宜潔（右二）是牧場
中不可或缺的溫柔力量。

小就愛看小牛誕生的過程，經常在牧場四處巡邏，看看有無要生產的母牛。

有一次，他都已經準備好要上學，突然有母牛難產，當時父母正忙於搾乳，抽不開身，他也不管身上還穿著乾淨的制服，書包一丟，就去助產，讓小生命順利來到世界，自己已是一身汗水和血水。

完成接生後，他趕緊梳洗，換上乾淨衣服，騎著腳踏車衝往學校，創下了在最短時間內抵達學校的紀錄。

許登畯大學念的是財政稅務系，一畢業就回牧場工作，因為對小牛有特別的情感，且做事細心，所以負責照顧全場的小牛。他是最佳奶爸，細心觀察小牛的健康狀況、喝奶量，找出最理想的照顧方式。許登畯養出的小牛，不但育成率接近百分百，而且隻隻毛色光滑、身形飽滿。

有一次，有隻小牛一出生就沒了呼吸，許登畯當下就對小牛口對口CPR，救活了小牛。正因為對生命的珍惜，所以他能把小牛養得這麼好。

兄弟倆都已成家，各自的另一半也都無怨無悔投入牧場工作，第三代長孫女許宜珈就讀中興大學動物科學系（前身為畜牧系），也是照顧牛隻的好幫手。許慶良牧場，從第一代的四隻手，有愈來愈多雙手加進來，緊緊相握，家人的力量，就是牧場的力量。

鮮乳坊跟許慶良牧場合作後，龔建嘉經常收到許東森傳來的牧場照片、影片、空拍圖，看看能不能用在粉絲團，他也非常關心消費者的反應，經常詢問有無需要改進之處。

過去，牧場只是乳品公司的生乳供應者，因為產品都經過混合處理，多數酪農其實從不知道自家牧場的牛奶是什麼味道（生乳沒有經過專業消毒，無法直接飲用）。當許東森收到第一批生產的許慶良鮮乳，喝下第一口的瞬間，內心的激動，難以言喻。

終於可以休假了！

鮮乳坊生產的是單一牧場的牛奶，讓牧場在消費者心中有了存在感，喚起了酪農的榮譽感，他們希望自己牧場，能夠贏得更多消費者的認同，消費者的回饋，也成為他們精益求精的動力。

跟鮮乳坊合作，為他們帶來的另一個改變，就是終於可以休假了。

酪農跟乳牛是生命共同體，除了每天例行的餵養、搾乳，當乳牛開始發情，就要馬上配種，若是開始生產，就要進行助產，因此，在牧場工作，

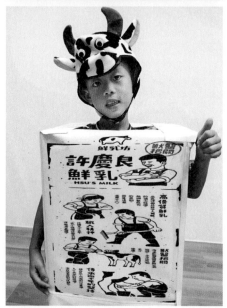

在牧場長大的孩子，生涯規劃和學校活動裝扮都和牛脫不了關係。（下圖：許登畯提供）

兩兄弟第一次休假的選擇都很有趣。許東森是到台北，拜訪鮮乳坊的辦

假，晨間例行工作結束，就可以離開。

更容易掌握乳牛的狀況，工作效率也能提升，許東森便跟弟弟開始隔週休

鮮乳坊獸醫團隊協助牧場建立標準化流程，結合牛隻體感裝置，酪農

隨時要備戰，幾乎沒有休假的機會。

公室；許登畯則是帶老婆、小孩去逛木柵動物園，一直走到腳磨破皮，才搭了末班車回雲林，直到深夜，還是興奮得睡不著覺。

至於四十年來沒休過假的許慶良，也開始卸下重擔，將牧場交給兩名兒子經營，因此有時間陪著太太去日本旅行，平時就陪伴孫子、孫女，過著含飴弄孫的退休生活。

鮮乳坊合作的牧場中，只有許慶良鮮乳是以創辦人的名字，做為品牌名稱。一開始，許慶良有些遲疑，覺得把自己的名字當作招牌，頗感壓力。

不過，眾人發想了幾個新名字，都覺得沒有別的名字，比「許慶良」這三個字，更能貼近這個牧場的精神。

如今，牧場已經交棒給第二代經營，許東森、許登畯知道，他們必須更兢兢業業，養好牛，產好乳，守護父親的名字，讓它成為家族的榮耀。

Chapter (15)

競爭的對手是自己：
桂芳牧場

強風呼嘯而過，暴雨傾盆而下，一夕之間，家園變色。

二○○九年八月，莫拉克颱風帶來創紀錄的雨量，讓台南縣三十一個鄉鎮市，全泡在水中。

位於台南柳營的桂芳牧場，是這場水災的受災戶。牧場第二代曾仁瀚也因為這場暴風雨，人生走向了另一個方向。

桂芳牧場是曾仁瀚父母所創立，牧場名稱來自母親的小名。他們養牛產乳，把家中一對兒女拉拔長大。正因為深知牧場工作辛苦，他們並不期待曾仁瀚繼承家中事業，而曾仁瀚即使因為聯考分數落點，進入文化大學畜牧學系（現已改為動物科學系）就讀，也沒有把接班當作生涯的選項。

曾仁瀚是六年級生，就讀大學時，正是數位產業崛起的時代。他對資訊相關的專業很感興趣，學習寫程式、建置網站，畢業後就在台北的資訊公

司上班。他打拚十年，當了部門主管，年薪也有八、九十萬元。

父親因為長年操勞，身體不好，有心臟方面的毛病。曾仁瀚形容父親是典型的「嚴父」，但是父子關係其實不錯。父親到成大醫院做心臟支架時，曾仁瀚就守在病房，一邊遠距工作，一邊陪伴父親。

莫拉克颱風重創了桂芳牧場，畜舍毀壞，牛隻好幾天無法正常餵食、搾乳，災後紛紛染疫生病，損失相當慘重。曾仁瀚父親原本脆弱的心臟，承受了莫大的壓力。

一次外出洽談購牛事宜，父親因心臟病發作，在現場倒下，從此撒手人寰。牧場失去了最重要的支柱，若無人接班，只能走向抛售一途。曾仁瀚放下台北的高薪工作，褪去科技新貴的光環，返鄉當起養牛人，因為桂芳牧場是父母一生的心血，他必須守護。

曾仁瀚接手牧場後，看到了幾個急需改善的問題。首先是乳牛的飼養環境，由於氣候炎熱，高溫產生的「熱緊迫」，乳牛的繁殖、泌乳狀況都不理想；其次，台灣多數牧場都是家庭式經營，以最少的人手，維持整個牧場的運作，像桂芳牧場過去就是曾仁瀚父母，加上兩名員工，包辦牧場的大小事，賺的是「勞力財」而非「管理財」，牧場的發展很難更上一層樓。

為了改善牧場的散熱問題，曾仁瀚大手筆裝了五、六十台電風扇。另一方面，他也擴編牧場人力，現場最多曾經有十名員工。在做人力盤點時，曾仁瀚把自己定位成「管理者」，不會納入現場實作人力中，如此一來，他才能從每天例行事務中解放出來，真正把心力用於牧場的長期規劃。

乳牛是慣性行為的動物，不喜變化，整天與牛為伍的酪農們，也習於一成不變的作業模式。曾仁瀚一回來接班，就展開各種改革，母親和老員工都難以接受。

舉例來說，他把科技業的「精準管理」，帶進了牧場，要求飼料在餵食之前，必須先秤重，由於上一代基本上是以「手感」來估算飼料量，曾仁瀚的新做法就引發了反彈。

母親原本負責牧場的搾乳工作，習於遵循慣例的她，會影響其他人的作業方式，走回原來的老路。曾仁瀚希望母親不要再參與現場工作，她很不能諒解，甚至以為自己要被趕出牧場，母子之間經常冷戰，緊張關係持續了近一、兩年之久。

曾仁瀚的父親是許多老一輩酪農的寫照，埋頭苦做大半輩子，結果耗損了健康，最後根本沒機會享受人生。曾仁瀚不希望自己走上相同的宿命，

而且，他相信只有翻轉經營牧場的方式，牧場才能走得長久。因此，即使面對難解的世代衝突，他仍堅持自己的改革。

「該做的事就要去做，」曾仁瀚強調：「如果不能以我的方式養牛，那我還不如留在台北工作。」

用對方法，牧場才能走得長遠

曾仁瀚是一名跨領域的改革者。一方面，他從小在牧場長大，又讀畜牧系，擁有飼養乳牛所需要的專業知識，另一方面，他在資訊業累積了十年經驗，提供了他不一樣的觀點來思考桂芳牧場的發展，並為困境尋找解決方案。

先進的設備是曾仁瀚創造新局的利器。他坦言，這些新型的科技工具價格不菲，要使用到上手也有門檻，因此多數酪農都不敢大膽嘗試。曾仁瀚沒有這麼多顧慮，只要他評估有助牧場的經營，就不吝砸重金投資，「我曾經在業界小有名氣，不是因為我養牛養得特別好，而是因為大家不理解，我為什麼要花這麼多錢買設備。」

事實上，曾仁瀚每一項設備投資，背後都有他長遠的規劃。桂芳牧場是台灣第二家引進小牛自動餵奶機的牧場。小牛配戴晶片，進入機器後，經過感應辨識，就會給予小牛適當的奶量，小牛只要餓了，就可以自己去喝奶，不必等待工作人員餵食。

一部自動餵奶機要價百萬，除了可以節省人力，透過設備的監測，從餵乳量到小牛吸吮速度，確保小牛充分獲取所需的營養，日後在泌乳時會有更好的表現，才是曾仁瀚投資這套設備真正的著眼點。

小牛出生時體重約四十多公斤，經過人工餵乳，約兩個月後斷奶，長成小女牛，體重得超過八十公斤，每天至少要增重〇・五公斤。桂芳牧場引進小牛自動餵奶機後，小牛日增重可以達到一公斤，甚至一・五公斤。很多酪農看到實際效果後，大感驚豔，紛紛跟進使用。

曾仁瀚很清楚，老一輩經營牧場的方式，已不符合年輕世代追求工作、生活平衡的價值觀，人力短缺會是產業永續的隱憂。他未雨綢繆，大手筆投資搾乳設備，原本想首開先例，成為台灣第一家引進自動搾乳機器人的牧場，因故未能如願，改為安裝圓盤式搾乳機，雖然還是需要人工操作，搾乳所需人力、時間都能大幅減少，而且動線設計符合動物行為，乳牛可

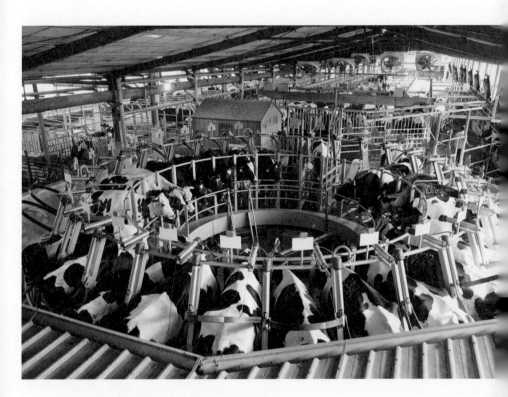

不願老一輩酪農的宿命在自己身上重演，曾仁瀚大
刀闊斧引進科技化設備與企業式管理，這套圓盤式
搾乳設備投資金額高達三千萬元。

以在更舒適的狀態下完成搾乳，更有助於確保泌乳的品質。

圓盤式搾乳機一套要價一千五百萬，由於設備體積很大，搭配牧場改建，總投資大約要三千萬。二○一八年就進行機器安裝，直到二○二○年，配套設施完成後，才正式啟動，「等於我買了一部藍寶堅尼，放在廠房閒置了兩年，」曾仁瀚打趣形容。

現代化設備還需要結合企業式管理，才能讓牧場經營展現新氣象。桂芳牧場原有的員工，都是看著曾仁瀚長大的長輩，他們工作穩定度高，但也比較排斥改變。曾仁瀚接班後開始招募新員工，進行換血。一開始，習於舊做法的老員工，跟按照曾仁瀚指示的新員工，彼此難以配合，新人待得不開心，就會離開，曾仁瀚花了約兩年，才逐漸把員工人數拉上來。

人員增加了，才可以進行排班休假，曾仁瀚也有餘力為員工進行教育訓練，員工在牧場有所成長，更有意願留下來。桂芳牧場目前有八名員工，好幾位都待了三、四年，可以承擔牧場的例行事務，加上視訊技術發達，曾仁瀚即使不在現場，也能遠端進行指揮，不必長時間被牧場綁住，可以好好過生活。

曾仁瀚的母親原本不認同兒子的改革，當她看到牧場經營上軌道，便逐

漸改變了態度，加上曾仁瀚的另一半傅芊純居中充當和事佬，母子之間的僵局，出現了破冰的契機。

是獸醫，也是最得力的另一半

成為牧場女主人之前，傅芊純是位獸醫。

她的第一志願原本是牙醫，因為聯考分數的關係，進入嘉義大學獸醫系就讀。畢業後，傅芊純在北部的動物醫院工作，偶爾會去大學同學的實驗室串門子，認識了當時在台大獸醫研究所攻讀碩士的龔建嘉，兩人成為很好的朋友。

傅芊純是台南人，後來她返回家鄉的動物醫院就業，臨床工作量大，經常加班。同樣也在南部工作的龔建嘉，了解她的工作的狀況後，就介紹她到自己任職的動物營養品公司「春穀」當業務，開始接觸各大牧場。

她在就讀大學時，有位來自日本的客座教授開了乳牛獸醫學的課，還安排了牧場實習機會，因此傅芊純對於照顧乳牛，很感興趣。只是女性獸醫較難打進在地的酪農圈，後來只好走小動物獸醫這條路。她在「春穀」跑

業務時，認識了曾仁瀚，兩人在乳牛這個主題上，很有話聊，逐漸熟稔起來，最後決定踏上紅毯。

傅芊純過去並沒有太多大動物獸醫的經驗。然而，她學習能力很強，龔建嘉還在「春穀」服務時，他幫客戶「摸牛」，傅芊純一旁做紀錄，並利用機會學習，之後也在乳品公司輔導員的指導下，學會操作超音波儀器，大動物獸醫要從事的「摸牛」、孕檢，基本上都難不倒她。

因為她的加入，牧場孕檢從每個月一次，增加到每星期一次。孕檢頻率提高，可確實掌握每隻乳牛的健康狀態，有助於提供更精準的診斷與治療，乳牛的配種率也提升了，讓傅芊純小有成就感。另外，由於台灣長期以來，大動物獸醫不足，導致各地牧場的用藥多為藥品公司推薦、酪農靠經驗法則判斷後自行用藥，可能導致用藥過量或錯誤用藥的狀況，對牛、對奶都是風險。桂芳牧場在傅芊純的導正下，整個牧場的用藥習慣，包括藥劑的使用量，以及用藥的方式，都變得更符合專業的標準。

酪農的另一半通常都會參與搾乳，不過，傅芊純當初嫁進來時，曾仁瀚曾經承諾，不會讓她做這麼辛苦的工作。他說到做到，即使人手不足時，也不曾開口要她幫忙，通常是傅芊純非常積極爭取，他才同意。隨著兩名

為了改變做法，曾仁瀚（右二）母子關係一度陷入
緊張，還好獸醫出身的妻子傅芊純（中）扮演了溝
通的橋梁。

孩子陸續出生，傅芊純的生活重心放在育兒上，逐漸退出牧場的現場實務，通常是在遇到重大問題時，才會跟獸醫團隊一起討論解決。

傅芊純跟婆婆處得不錯，她認為婆婆人很好，也很好講話，只是老一輩的觀念較難改變，而丈夫在堅持改革時，態度又比較強勢，母子話不投機，都不想跟對方說話。

她扮演溝通橋梁，讓婆婆了解，牧場經營如果不進行改革，不但大家會賠上健康，牧場也不會有光明未來。她鼓勵婆婆多出國散心，起初婆婆還是放心不下，會請導遊幫忙打電話回家，確認牧場沒事。後來她發現，兒子管理牧場的確有他的一套，自己是時候放手，好好享受退休生活了。

挑戰新的銷售方式：加入鮮乳坊

曾仁瀚是新生代酪農，只比龔建嘉年長九歲，在龔建嘉接觸的牧場主人中，年齡差距較小，而且他在台北的資訊公司上過班，想法跟得上時代潮流，又懷抱改革的理念，兩個人的「頻率」很合拍。後來，好友又成了曾仁瀚的另一半，龔建嘉跟桂芳牧場的關係，就更加親近。

龔建嘉還在「春穀」服務時，他就問過曾仁瀚：「有沒有想過自己賣鮮奶？」鮮乳坊成立後，桂芳牧場一直在他想要合作的口袋名單中，只是鮮乳坊初期還未站穩腳步，桂芳牧場跟乳品大廠也還未約滿，只能靜待時機成熟。

二○二一年年初，鮮乳坊邁入第六年，業務已經上了軌道，雖然已經有五家合作牧場，產量仍然供不應求。龔建嘉知道桂芳牧場跟大廠的合約將在年底期滿，就向曾仁瀚詢問合作的可能性。

鮮乳坊成立後，在乳品產業是新的經營模式，曾仁瀚最早是採取觀望的態度，他從臉書等社群平台，了解消費者的接受程度，也會打聽業界人士的看法。當龔建嘉提案合作後，曾仁瀚經過了審慎的考慮、評估後，同意成為鮮乳坊合作的第六家牧場。

鮮乳坊的團隊很快展開新品上市的前置工作。首先是敲定通路。之前一公升裝的許慶良鮮乳，在全家、家樂福、大苑子皆有販售，由於家樂福併購頂好超市後，門市數增多，需求量更大，經過協調後，桂芳鮮乳會在全家上架，許慶良鮮乳則逐步把火力集中在家樂福和大苑子。

嘉明鮮乳、許慶良鮮乳曾經以別具特色的包裝，在上市時引起話題，有時消費者在不同通路想要支持鮮乳坊的其他牧場，卻因為包裝落差太大而

找不到商品。為了讓消費者更容易辨識鮮乳坊合作的牧場品牌，因此，桂芳鮮乳上市時，包裝會採用跟豐樂鮮乳、幸運兒鮮乳、雙福鮮乳相同的設計風格。未來，鮮乳坊還計畫進行整體的視覺翻新，讓所有消費者在不同的通路，都能很輕鬆的找到鮮乳坊合作牧場的產品。

從沒有把牧場當成生涯選項的曾仁瀚，如今回到牧場，也在牧場裡建立自己的家庭。煥然一新的桂芳牧場，未來精彩可期。

為了強調好農價值，而非侷限在小農的形象，真正落實對品質的堅持，鮮乳坊將積極推廣「莊園級鮮乳」的概念，桂芳鮮乳在全家上架時，也與全家共推「單品咖啡＋莊園鮮乳」的高品質拿鐵，藉由這一波行銷活動，讓消費者可以認識這個台南非常具有代表性的好農。

挑戰產業，挑戰自我

曾仁瀚右手有三隻手指，有著明顯的植皮手術痕跡，那是他童年時，在牧場玩耍時，不慎遭機器割傷的印記。

當年那個貪玩的孩子，如今扛下了延續牧場命脈的重責大任。返鄉養牛超過十年，曾仁瀚認為，酪農業有個特色，就是沒有太多同業的競爭，只要自家牧場產出的生乳，質量俱佳，乳品公司就願意收購。因此，他把自己當作唯一的競爭對手，從引進新設備，到導入健全的人員管理制度，目的就是讓桂芳牧場可以愈來愈好。

如今，他更大膽跨出傳統的供銷模式，跟鮮乳坊合作，嘗試往成立品牌發展，或許未來還能發揮示範作用，鼓勵更多的酪二代加入改變產業的行列。

Chapter (16)

我們這一家

龔建嘉來到餐廳時，預訂好的桌子，已經坐了好些人。除了鮮乳坊的牧場管理規劃師韓宗諭、兩名嘉明牧場的年輕幹部李彥穎、李蓉等，許東森、許登畯則帶著老婆出席。過了一會兒，陳界全一家人也來了。最後抵達的是豐樂牧場的成員。

大夥兒暫時放下了牧場的工作，來參加鮮乳坊舉辦的聚餐。大家都是養牛人，而且彼此熟識，一坐下來，就有聊不完的話題。

看著這些牧場的夥伴，龔建嘉不禁捫心自問：「我何德何能，大家都這麼幫忙鮮乳坊？」

他們都是業界頂尖的牧場，乳品公司爭相邀請，但是他們選擇跟鮮乳坊合作。面對鮮乳坊的各種要求，像是嚴格的每日檢驗工作、配合動物福利項目提升牧場，甚至是申請生產履歷，其實都會加重牧場的工作量，他們卻都欣然接受。

有些乳品公司向配合的牧場提出類似的要求，酪農通常會先問：「這對我有什麼好處？」而鮮乳坊得到的回應則是：「好啊，只要對消費者有好處，對你們推廣有加分，我們就來做。」

酪農們的熱情相挺，讓龔建嘉相當窩心。他知道，在事業的合作上，願意彼此信任、支持，並不是件容易的事。這群酪農是天上掉下來的禮物，讓他這個小小的獸醫，可以為台灣酪農業做出一點改變。

賣牛奶其實是一門好生意，乳品公司只要找到配合的酪農，每天去收乳，加工後送到市場，就能迅速換成現金。對乳品公司來說，酪農就是上游供應商，只要交出約定數量的生乳即可，牧場環境優劣、牛養得好壞，都與他們無關。因此，鮮乳坊跟酪農的合作模式，不論是高於市價收購生乳、提供牧場經營的協助，或是支持牧場改善乳牛生活環境，看在乳品公司眼中，簡直匪夷所思──怎麼會有人這樣做生意？

龔建嘉先是一位牧場獸醫，才是鮮乳坊的創辦人，這一點決定了鮮乳坊會是家什麼樣的牛奶公司。他跟酪農的關係，原本就是從提供服務開始，長期相處形成深厚的情誼。他離開台北的家人，在雲林自力更生，在地的酪農圈，是他很重要的精神支柱。龔建嘉決定站出來為酪農發聲，動機很

龔建嘉原本以為可以在鄉間過著閒適獸醫生活，卻因為愛上在這片土地認真打拚的酪農們，走上他從沒想過的創業之路。（空拍照：許東森提供）

單純，因為酪農待他如家人一般的酪農。

牧場是鮮乳坊的根。直到現在，龔建嘉大部分的時間還是待在雲林，持續擔任巡場獸醫，進牛舍「摸牛」，坐在酪農的客廳泡茶聊天。他必須站在第一線上，聆聽酪農的心聲，幫他們改善問題。他希望酪農過得更好，產業可以永續，這份使命感源自於他跟酪農情同家人。

每個牧場都是一個家，工作、生活都在一起，成員之間必須同心團結，牧場才能走得長遠。鮮乳坊將這些不同的「家」串聯在一起，組成一個大家族，相互攜手，把牛養好，提供消費者高品質的鮮奶，一起推動台灣的酪農業升級。

Part

4

· · · · · · · · · · ·

鮮乳坊共好學 **2** 與通路共好

通路變盟友，創造更多價值

鮮乳坊秉持單一乳源，
由於乳量有限，
必須在不同的實體通路中，
為每支產品找到最佳的戰場。
不論是超商霸主全家、人氣手搖飲大苑子，
或是冠軍咖啡店芒果咖啡，
鮮乳坊與志同道合的通路合作，
除了供應最好的產品和原物料，
也是「解決方案」的協力者，
為彼此的合作關係創造更多價值。
鮮乳坊把通路變盟友，
將供應鏈串聯成價值鏈，
一起把關食安、支持好農，活化在地農業，
建立共好生態圈。

Chapter 17

攜手把關食安：
全家便利商店

二〇一六年五月十九日，晚上七點，台北松菸誠品展演廳。

舞台上，坐著兩名對談者，分別是統一超商前舵手徐重仁，與全家便利商店集團會長潘進丁，台灣零售流通業兩大巨擘「王見王」，話題性十足，台下也擠滿了聽眾。

郭哲佑也是當晚的聽眾之一。

演講結束後，他提著一袋牛奶走向潘進丁，向對方自我介紹：「會長，我們是一家小農鮮奶的品牌，我們的鮮奶品質非常好，很多通路採用，我們很希望可以跟全家合作。」

雖然是被「突襲」，潘進丁倒是不以為意，和善的說：「好啊，那我請商品部的同仁，跟你談談。」大約一週後，郭哲佑便接到通知，要他到全家提案。

《做一件只有你能做的事》
首刷｜限量兌換券

掃描 QR Code 加入鮮乳坊 Line@ 官方帳號，即可獲得一張線上兌換券，憑條碼可至全台之全家便利商店兌換一瓶「嘉明鮮乳」（210ml）。

請掃描我兌換！

注意事項：

· 本券兌換期間為：2022/1/3-2022/8/31，一張限登錄用乙次，兌換乙瓶。

· 本券若遺失恕不補發，經影印、轉載、截圖等皆無效，請於消費結帳前掃描 QR Code，加入鮮乳坊 Line@ 帳號，依指示取得兌換條碼並出示提供店員刷取進行兌換。

· 當兌換券條碼無法判讀時，請聯繫鮮乳坊客服夥伴，依照指示補開通 / 列印實體兌換券，每筆 PIN 碼限補開通列印乙次。

· 使用前請詳閱 Line@ 線上兌換券之所有注意事項。

· 使用時須符合本券載明之品牌與規格。商品兌換後，無法提供退貨及換貨。

· 本券不適用非開立全家便利商店發票之特殊店鋪（如：台鐵、部分學校、廠辦及商場的店鋪）。

· 鮮乳坊保留活動調整及變更兌換券贈送辦法及折抵方式的權利，如有變動請以鮮乳坊公告為主。

· 鮮乳坊客服電話｜02-29082961

寫給 正在閱讀的你：

感謝你願意翻閱這本書！

《做一件只有你能做的事》，寫的是創辦人阿嘉與郭佑、曉灣的起心動念，也是鮮乳坊六年來不斷在整個產業中努力的初衷。

接下來，我們希望跟讀完這本書的你，分享這份從產地到餐桌的用心，到全家便利商店，用一瓶「嘉明鮮乳」的時間，品嚐我們「從乳頭到心頭」的努力、安心與純粹。

未來，「共好」屬於我們一起創造！

一次的毛遂自薦，讓成立才不過才一年的鮮乳坊，敲開了「全家」的門。

進軍全家，精品牛奶邁向大眾化

從生乳到鮮乳，加工廠每批次生產，以兩噸生乳量起跳。因此，成立品牌後，必須要找到足夠的市場消化，才能夠維持穩定的生產。鮮乳坊一開始靠著群眾集資啟動生產，主要採取網購宅配，市場規模有限，負責業務開發的郭哲佑積極尋找其他通路合作，打開銷售才能繼續生產。

鮮乳坊推出的第一個鮮乳品牌是豐樂鮮乳，走的是大瓶裝的規格，陸續打進了微風超市、Jasons Market Place、聖德科斯、主婦聯盟等通路，靠著好品質建立起口碑，銷售量一直很穩定。

鮮乳坊要做的不只是賣牛奶，還要為產業帶來影響力，愈多人認識鮮乳坊、購買鮮乳坊的產品，這個品牌對產業的意見，才能擲地有聲，獲得重視。不是每個消費者都會去超市買大瓶裝鮮奶，為了擴大品牌能見度，郭哲佑下一個試金石是小瓶裝，而小瓶裝鮮奶的戰場在超商。

郭哲佑開發通路，採取的是「擒賊先擒王」策略。進軍任何一種通路，

他都先找有指標性的龍頭，比方說，超市通路，他第一個去找微風超市，而茶飲品牌，他第一個談的是天仁茗茶。除了連鎖通路，鮮乳坊也跟不少獨立店合作，不論是甜點店或咖啡店，都是先找拿過比賽冠軍的店家。

「當你在龍頭做出了成績，再找其他通路，就變得容易許多，」郭哲佑解釋。

台灣超商有四大體系，統一超商、全家便利商店是兩大龍頭，瓜分了八成的市場。由於統一照顧自家品牌優先，其他品牌的鮮奶要在統一上架，幾乎是不可能，全家就成了鮮乳坊積極爭取合作的對象。

創業菜鳥勇敢向前衝

之前郭哲佑曾經去敲過幾次門，因為品牌太小，未獲得採購人員接受。

不過，他並不死心，正巧看到徐重仁、潘進丁對談的活動訊息，便去現場伺機行動，果然有所斬獲，得到了正式提案的機會。

這一次，郭哲佑帶著龔建嘉一起簡報，他們從食品安全、幫助酪農等角度切入，加上龔建嘉的獸醫身分，特別有說服力。鮮乳坊希望在全家上架

的產品，是小瓶裝的嘉明鮮乳，因為已經先透過群眾集資打開了知名度，全家看到了這支產品的潛力，雙方順利談定合作。

二○一六年十二月二十一日，嘉明鮮乳正式在全家的通路上架。產品規格為二百一十毫升，每瓶賣四十元，比一般小包裝的鮮乳賣得貴，而且開賣日還在鮮乳淡季的冬天，郭哲佑最初其實沒什麼信心，擔心兩個月後就下架了。

為了壯大聲勢，正式開賣前一天，鮮乳坊還在南京東路上的全家京吉門市，舉辦了體驗活動。現場除了鮮乳坊的夥伴，另有多位穿著白袍的獸醫站台力挺，忠實「奶粉」更是從各地前來共襄盛舉。回家後，郭哲佑打開臉書，滿滿都是「嘉明鮮乳文」洗版，心裡才比較篤定。

嘉明鮮乳首日進貨進萬瓶，初期每家門市平均只有三瓶配額，由於具話題性，加上聶永真設計的包裝十分吸睛，很多門市一上架就被搶購一空，買到的人紛紛在臉書貼出照片炫耀，網路聲量帶動了銷量，超乎郭哲佑的預期，兩個月後不但沒有下架，前三個月平均每日銷量都達到六千瓶以上，就單一通路來說，是相當不容易的成績。

成功打進全家通路，雖是鮮乳坊的一大里程碑，過程其實也充滿挑戰。

郭哲佑坦言，全家是市場雙雄之一，對於合作廠商有很嚴格的進貨要求，而鮮乳坊當時只是家成立一年多的小公司，過去從來沒跟超商配合過，剛開始合作時，為了符合全家的各種作業規範，團隊承受了不少壓力。

鮮乳坊之前主要跟超市合作，基本上是一週配送兩趟，超商的牛奶是日配品，每天都要供貨，而且全家的做法是半夜進貨，溫度必須控制在 7℃ 以下，鮮乳坊花了不少力氣，才對接上這樣的供應鏈模式。

當時鮮乳坊資源有限，連開新品記者會，從聯絡媒體、號召「奶粉」，到現場活動的準備，都是公司夥伴同心協力執行，雖然順利帶起了嘉明鮮乳的聲勢，因為售價較貴，之後在網路上遭到攻擊，認為鮮乳坊把文青包裝的成本，轉嫁到消費者身上。

事實上，鮮乳坊以高於市價收購生乳，並投入很多成本在生產過程，賣牛奶的利潤比一般乳品公司低很多，但是這些付出，消費者不易有感。網路攻擊雖然影響了鮮乳坊的士氣，卻也引發了不少媒體的報導，更多人因此認識了鮮乳坊，反而帶來了一群認同鮮乳坊理念的消費者，也算是因禍得福。

理念相近，合作更緊密

全家會跟鮮乳坊展開合作，「時機」是重要的關鍵。

便利商店和社會大眾每天的生活息息相關，其中又以食品類營業額占總營業額一半以上，說食品是便利商店的命脈，並不為過。因此，只要傳出食安問題，就會對便利商店造成極大的衝擊。

以現煮咖啡為例，由於拿鐵是極受消費者歡迎的品項，因此全家在乳源的調度上煞費苦心，更深刻體認食品安全的重要性，對於鮮乳坊強調獸醫把關、單一乳源、成分無調整的訴求，自然是十分認同，願意給這個年輕的品牌一個機會。

隨著嘉明鮮乳在全家站穩了腳步，全家也開始跟鮮乳坊進行其他品項的合作，像一款「玻妞優格飲」就是人氣商品。

全家便利商店總經理薛東都透露，每年全家大約會有三分之一、七百多種的商品推陳出新，為了填補消費者需求的缺口，商品部會蒐集情報，跟廠商合作研發呼應時代潮流的商品。

在高齡化的趨勢下，消費者愈來愈重視養生保健，在全家的建議下，鮮

乳坊便和大江生醫合作，在優質鮮乳中，加入專利菌種（TCI633），所發酵的優格飲，除了幫助消化，還可以自然生成小分子玻尿酸。商品是粉紅色小杯裝，主打女性消費者，在全家台北松山品牌旗艦店首賣，上架十分鐘就被一掃而空。

除了這款優格飲，鮮乳坊也跟全家合作奶酪、蛋捲、冰淇淋等多款聯名商品，幾乎每一種都熱賣，二〇二〇年四月，又進一步規劃為鮮乳坊品牌月，一口氣推出七款限量商品，種類涵蓋了冰淇淋、霜淇淋、泡芙、麵包、蒸蛋糕、饅頭、鮮乳餅等，對鮮乳坊的提攜可以說不遺餘力。

薛東都坦言，全家聯名合作的對象為數不少，因為跟鮮乳坊理念相近，雙方的合作就更加深入。

比方說，為了翻轉便利商店食品不健康的形象，二〇一八年起，全家首開連鎖通路先河，導入 Clean Label（潔淨標章），召集百家廠商組成產業聯盟，主打真食材、少添加，跟鮮乳坊一貫的主張同出一轍；全家支持台灣農業，從跟台南「瓜瓜園」契作地瓜、炒熱「夯蕃薯」商機，到提供平台販售青農產品，要為在地農民做更多，也跟鮮乳坊的立場相同。

不同於一般廠商在各通路都會鋪貨，超商通路中，鮮乳坊的牛奶只在全

家販售，這種「獨賣」的模式，讓兩者品牌效應相互加乘，更能長期經營關係。

創業菜鳥的華麗蛻變

面對合作的通路夥伴，鮮乳坊除了提供優質的產品和原物料，也積極提升自身的附加價值，從對方的角度思考，提出行銷、品牌等各面向的解決方案。

二〇一九年九月，龔建嘉再次到全家做簡報，比起二〇一六年那一次，全家出席的陣容更為浩大，從會長以降，董事長、總經理、各部門主管，全員到齊，在全家算是罕見的高規格會議。

為了這次簡報，龔建嘉做足了功課，提出了四點訴求，其中一點就是建議全家發展「訂閱制」。

鮮乳坊推廣訂閱制已經有一段時間，相較於單次購買，訂閱制不但能確保穩定的銷售，更展現了對酪農的長期支持，只有當消費者形成一股力挺農民的能量，整個產業才會有所改變。龔建嘉認為，全家既然強調「全家

就是你家」，更應該發展家庭客戶，只是家庭客戶主要採購的生活日用品，在通路的價格戰上，便利商店很難打過量販店，透過訂閱制的導入，消費者可以用長期的數量，換到團購的價格，再結合超商方便取貨的優勢，真正做到「全家就是你家」。

適合訂閱制的商品，特性是消耗量大，需要反覆購買，牛奶就是其中之一，龔建嘉在會議上懇切提議，鮮乳坊很願意成為全家推行訂閱制的敲門磚。如果訂閱制成為全家成功的商業模式，不但可以大幅提高超商客單價，生產者也因為有消費者的承諾，可以從事計畫性生產，進而達到產業永續。

一般來說，廠商跟通路提案簡報時，就是一再強調自家新產品的優點，希望通路買單，此番簡報目的不在推銷牛奶的龔建嘉有備而來，他曾詳細閱讀過《敢變》、《O型全通路時代26個獲利模式》兩本以全家為主題的書，深入了解全家的企業文化，在準備簡報內容時將全家的需求（開創新的商業模式），和鮮乳坊的需求（推動牛奶訂閱制）結合在一起，互利共好的訴求自然獲得了全家的認同。

那天晚上，龔建嘉接到潘進丁傳給他的訊息：「簡報內容切中要點，讓全

家主管印象非常深刻，非常好的一次交流活動，當作是可以全面合作的一個重要開頭，是否能夠順利，仍期待大家的後續努力，非常謝謝鮮乳坊團隊。」以潘會長的高度，親自傳訊給他，對龔建嘉是很大的鼓勵。

事實上，全家是全台擁有最多會員數的便利商店，一旦平台技術成熟，透過訂閱制推動新的產銷型態，生產者、通路、消費者三方都能受惠。

此前鮮乳坊在微風、Jasons Market Place 上架，雖能建立精品牛奶的形象，卻難以走進社會大眾的視野。跟全家合作後，鮮乳坊才真正成為大眾品牌，隨著市占率放大，才能夠對產業帶來影響。

鮮乳坊因全家的支持而茁壯，全家也因為跟鮮乳坊結盟，更能落實「顧客滿意、共同成長」的經營理念，兩者的關係，不只是供應商和通路，而是真正的盟友。

Chapter (18)

結盟挺好農：
大苑子

大苑子創辦人邱瑞堂用水果的滋味，來感受四季。

冬季是草莓的甘美，春季有小蕃茄和金桔的酸甜，夏季由濃郁的鳳梨、芒果、火龍果接力演出，秋季則有清爽的芭樂、百香果、橘子帶來豐收的尾韻。

二○二○年，邱瑞堂在台北市府站附近，打造了一間冰果室風格的「夢想店」，店裡有一座「水果時鐘」，以草莓做為零時，依序排列了十二種主題水果，順著時鐘吃完一輪，剛好過完一年。

吃水果，日日是好日，就是邱瑞堂的「水果道」。

邱瑞堂是彰化農家子弟，二○○一年他以手搖飲起家，創立了大苑子，二○○七年雖然轉型主打鮮果飲，奶茶系列仍是人氣不墜的產品，因此牛奶也是大苑子很重要的原物料。過去大苑子用的牛奶，來自各大乳品公

司，二〇一九年九月一日起，所有鮮乳飲品都使用許慶良鮮乳。

合作的契機，也是從郭哲佑主動叩門開始。他觀察大苑子，從門市陳列到包裝，都強調跟農民站在一起，認定是鮮乳坊值得合作的對象。

不過，郭哲佑一開始找不到可以洽談的窗口。當他聽到朋友說起，邱瑞堂會在一場電商聚會中演講，就抓住機會，到現場交換名片，之後親自到總部拜訪，因為理念契合，順利談成了合作。

然而，合作才開始一個多月，就發生一段插曲。某天，郭哲佑接到了邱瑞堂的急電，請他到大苑子總部一趟。原來，某家乳品公司告訴邱瑞堂，鮮乳坊的鮮乳是「混奶」，並非如他們宣稱的「單一乳源」，邱瑞堂有受騙的感覺。

那次郭哲佑南下時，也約了牧場經營規劃師韓宗諭一起去見邱瑞堂。韓宗諭曾經是某大乳品公司的總配方師，具有專業的畜牧背景，由他來向邱瑞堂說明鮮乳坊在牧場做的事，更邀請他親自參觀牧場，邱瑞堂才相信鮮乳坊是玩真的，而非將「單一牧場」當作銷售話術。

大苑子全台有兩百多家門市，以加盟店居多，總公司要換用牛奶，各家店長的認同也很重要，因此鮮乳坊還特地為各地店長規劃了教育訓練，教

他們認識什麼是好的鮮乳，前後大約經過半年，才獲得大苑子各門市全面的支持。

鮮乳坊合作的牧場品牌中，大苑子選用的是許慶良鮮乳。「許慶良的乳脂高達四・○％，屬於高乳脂鮮奶，口感厚實，用來製作茶飲，特別好喝，」邱瑞堂解釋。

另外，邱瑞堂認為，台灣的農業需要新生代的投入，許慶良牧場是二代接班，具有傳承的意義，也是他選擇許慶良鮮奶合作的原因。

大苑子不但使用許慶良鮮奶做為原物料，甚至有個茶飲系列就冠名「許慶良鮮乳」，而全台大苑子門市，更成為許慶良鮮奶販售的通路。二○二一年年初，大苑子首度開賣甜點──「許慶良草莓鮮奶酪」，因為限店限量，還掀起搶吃潮，雙方的合作可以說相當緊密。

轉型成功的關鍵在「土地」

鮮乳坊賣牛奶，大苑子賣果汁，兩家企業的命脈都是農產品，支持台灣農業是共同的核心價值。

形象憨厚的邱瑞堂是彰化社頭人，當地盛產芭樂，他祖父就是芭樂農，邱瑞堂從小在果園長大，一大早爬起來幫忙摘果，是他童年記憶的一部分。

大學念化學物理系的他，一直對創業很感興趣，大一就賣過滷味和鹹酥雞，但是都不成功，後來發現了茶飲的商機，便投入了手搖飲這一行。

搭著台灣人愛喝飲料的風氣，大苑子一天可以賣出兩千杯的飲料。雖然生意做得不錯，但是飲品用的是濃縮果汁，邱瑞堂不清楚裡頭真正的原料，總想著做「看得到源頭」的商品，亟思轉型之道。

二○○七年柳橙大豐收，卻發生了價格崩盤，果農只好把柳橙一車車戴去丟掉，農家出身的邱瑞堂，看了新聞，十分不忍，便花錢買下了滯銷的柳橙，把原本使用濃縮果汁的飲品，全部用新鮮柳橙取代。

一開始邱瑞堂還是跟盤商買水果，後來直接進入產地，找優良果農採購。邱瑞堂至今仍記憶猶新，他去南投中寮山裡買柳橙，需求一開就是三十公噸，果農還以為他是詐騙集團。

如今，大苑子一年要採購五千萬噸的水果，有一千六百位果農參與契作，根據水果時鐘的規律，全年供應所種植的農產品，不必擔心產量過剩與價格崩跌的問題。而大苑子也推出行動農檢駐產地，確認安全後才採收

運送，打造出台灣最強的鮮果物流系統，對消費者也有保障。

水果盛產卻滯銷，冬季的鮮奶也有類似的狀況。大苑子懂得農民的苦，跟鮮乳坊合作之後，每逢冬季，大苑子都主打鮮奶產品，幫忙消化過剩的奶量，代表大苑子不只是把鮮乳坊當作原料供應商，而是同一陣線的盟友。

大苑子和鮮乳坊的另一個相同之處，就是非常重視和消費者溝通。

透過文字、圖片、影像，鮮乳坊不斷訴說著酪農的故事，消費者認識了這些酪農，在購買鮮乳坊牛奶時，就不只是買一個商品，也有支持優良酪農的意義；大苑子雖然是賣果汁，行銷團隊也走入水果產地，以水果為主題，創作各種內容，拉近消費者跟產品之間的關係。

點開「邱老闆的鮮果冒險」粉絲專頁，影片每日更新，內容琳瑯滿目，比方說，當月的主題水果是鳳梨時，邱瑞堂便化身「邱老闆」，親自到屏東高樹的產區摘鳳梨，並介紹大苑子的挑果標準（重量大約兩斤多，敲彈聲響如鼓聲），將消費者手上的鳳梨飲品，跟鳳梨產地、果農串聯在一起。

為了強化跟慶良鮮乳的連結，邱瑞堂也跟鮮乳坊合作，親自到牧場錄製影片，提供平台讓酪農為自家產品發聲，而大苑子選用優質原物料、力挺農民的企業形象，也能夠更深植人心。

會員經濟的強大實力

鮮乳坊有「奶粉」，大苑子也有一批的「苑粉」，對於社群的經營下了不少功夫。

事實上，大苑子很早就開始發展「會員經濟」，二〇〇六年發行晶片式儲值卡「旺卡」，之後又陸續推出App線上訂餐、禮物券、優惠券等功能，二〇一九年上線的「訂閱制」，每日推送訊息給訂閱的會員，強化用戶黏著度，即使在飲料業的淡季，也能維持「苑粉」的熱度。

透過App上的訊息推播，大苑子除了業務用奶，零售表現也相當亮眼，每個月可以賣出約五千瓶的許慶良鮮乳，展現了「會員經濟」的潛力。

在臉書平台上，鮮乳坊和大苑子有各自的社團，前者成立較早，在後者成立初期，鮮乳坊便積極鼓勵自家社團的成員，加入大苑子社團，把人氣炒熱，大苑子社團人數甚至還後來居上，不少在社團中活躍的「苑粉」，本身就是「奶粉」，兩家粉絲水乳交融，相互支援，在網路上形成的影響力更為壯大。

「大苑子」以台語唸出來，意思就是「台灣之子」，「邱董告訴我，大苑

子賣果汁、賣水果，也在賣一種價值，就是我們跟台灣這塊土地的情感、知識與連結，」郭哲佑強調。

大苑子走的是「水果道」，鮮乳坊走的是「牛奶道」，兩個品牌朝同一個目標前進，就是要透過農產品，喚起消費者對這塊土地的愛。

Chapter 19

當牛奶遇上咖啡：芒果咖啡

姚致宇是鮮乳坊業務組的組長，也是一位精通咖啡的達人。

他的父親任職於國內知名展覽公司，負責咖啡展。先前在展覽中與郭哲佑認識，姚致宇便在郭哲佑的引薦下，加入鮮乳坊，負責獨立店的通路開發。

跟鮮乳坊合作的獨立店，大約有一千兩百多家，包括了咖啡店、茶飲店、早餐店、甜點店等，而獨立咖啡店則有四、五百家。這些咖啡店有個特色，就是店長通常都很有自己的主張和想法，當他們認同鮮乳坊時，不但會使用、銷售鮮乳坊的產品，甚至還樂意扮演橋梁，向消費者傳遞鮮乳坊的理念。

這些獨立咖啡店散布全台各地區，營業時間不一，叫貨量有起伏，供貨服務需要量身訂做，要為他們教育訓練，時間也不容易安排。咖啡跟鮮奶

的搭配，有很多學問，姚致宇要懂鮮奶，也要懂咖啡，才能為這些獨立咖啡店提供專業的諮詢。

姚致宇自掏腰包上了不少咖啡的課程，充實自己的相關知識，在他的用心經營下，鮮乳坊爭取到不少得獎咖啡店的支持。這些得獎的咖啡師，不少也是咖啡講師，他們用鮮乳坊的產品，會有示範的效果，對於鮮乳坊在咖啡界的影響力，也會帶來加分。

姚致宇家族出身雲林莿桐，有一天，叔叔告訴他，家鄉有間咖啡店在尋找優質的牛奶，於是鮮乳坊便多了一個合作夥伴──芒果咖啡。

不會搶走咖啡風味的牛奶

隱身在雲林鄉間的芒果咖啡，店面不特別顯眼，坐鎮的老闆廖思為、老闆娘王琴理，來頭卻不小，除了在各項咖啡大賽中獲獎無數，也是咖啡教學、創業輔導與規劃課程的講師，在咖啡界有著響亮的封號：「芒果國王」、「芒果女王」。

廖思為解釋，芒果咖啡的第一家店，開在他的母校正心中學，因為校園

種有芒果樹，而取其名。當時做的是學生的生意，負責招呼學生的王琴理被暱稱為「女王」，「我是女王的老公，跟著沾光，才當上國王，」廖思為笑道。

高雄醫學大學藥學系畢業的他，入伍前夕，在咖啡烘焙廠打工，從此走進了咖啡的世界。他靠著自學，練就出絕佳的烘豆技術，進而鑽研調豆（Blend）的藝術，將多種豆子調配出獨特的風味。

像芒果咖啡的招牌「鄉巴佬」，以雲林特產柳丁，以及鄉下人的厚實有料為表現主題，將五〇％衣索比亞水洗耶加雪菲，結合五〇％中南美洲混合豆，並在烘豆時刻意柔化香氣，強調耶加雪菲的柑橘味，再以中南美洲豆的巧克力味，做為餘韻，可說是以咖啡豆的風味編曲、作畫。

正因為對風味很敏銳，廖思為對咖啡所搭配的牛奶，也相當重視。他坦言，過去牛奶都是強調「濃、醇、香」，用在咖啡上，反而會太「搶戲」，然而，由於可選擇的牛奶不多，他只能藉著加強咖啡的風味，去跟牛奶達成平衡。

鮮乳坊的出現，讓他找到不同的牛奶選擇，經過各種測試，選用了口味清爽的嘉明鮮乳，做為搭配咖啡的牛奶。

除了姚致宇定期拜訪，定居雲林的龔建嘉也三不五時就會到芒果咖啡坐坐，聆聽使用者對鮮乳坊產品的想法，廖思為則透過將牛奶打發、或是搭配咖啡飲用的方式，解釋選用嘉明鮮乳的原因。在他眼中，鮮乳坊不只想當供應商，還希望從使用者角度，更深入了解自家產品，團隊成員會來雲林向他請益，他也曾到台北為團隊上課，雙方持續著良性交流。

在二〇一八年台灣國際茶酒咖啡展中，鮮乳坊便找來芒果咖啡合作，以超級深焙咖啡豆、許慶良鮮乳、艾雷島威士忌，製作了一款威士忌拿鐵，並搭配了一串「下酒菜」，以玫瑰肝腸和醃漬蘿蔔來解拿鐵的膩，是別具巧思的創意。

另外還有一款紅棗拿鐵，也是使用許慶良鮮乳，搭配的是雲林西螺米製作的米香，為西方的咖啡增添了台式的趣味，受到現場消費者不少好評，被問到如何做出這麼好喝的拿鐵，他的回答是：「因為牛奶的品質很棒。」

投入咖啡產業超過十七年的廖思為，擁有絕佳的風味鑑賞能力，因此龔建嘉便請他協助「品牛奶」，做為鮮乳坊未來推動「莊園鮮乳」品評系統的基礎。

龔建嘉有個大膽的構想，他想仿照世界三大飲品：咖啡、茶、酒強調

單一產區、獨特風味的概念，發展「莊園級」鮮乳，讓鮮乳成為可鑑賞、可品玩的飲品。咖啡、茶、酒的品評系統已行之有年，鮮乳坊要在「濃、醇、香」之外，對不同產區的鮮奶，建立風味特色的描述，是一項很大的工程。

「莊園鮮乳」的概念，不少是從「精品咖啡」轉換過來。廖思為和王琴理曾多次拜訪國外的咖啡產區，他們在「精品咖啡」上的專業知識，也成了龔建嘉最好的諮詢對象。

一鍋打盡雲林在地好滋味

在廖思為和王琴理合著的《出杯的勝負！》中，有一段這樣的描述：「在尋常的開店日子裡，結束了大清早忙碌，賣菜的阿桑、送貨的阿伯，收完攤順道過來喝一杯，成了莿桐店的日常風景。」

以水果行、老藥商的經營風格開咖啡館，讓咖啡走進在地庶民的生活，是芒果咖啡成功扎根雲林鄉間的關鍵，小小的店面交流著人情，也匯集了資訊，雲林縣內有哪些優質的農產品，廖思為瞭然於心。

某一天，他和龔建嘉在閒聊間，談起了開火鍋店的可能性，龔建嘉想做牛奶鍋（可解決冬天牛奶產量過剩的問題），廖思為則有意嘗試咖啡鍋，因此促成了「得食農鍋」。

二○一八年開幕的「得食」，是鮮乳坊和芒果咖啡、習翌設計的跨界合作，地點選在古坑綠隧驛站，店名取自台語的「著時」，意指跟著時令呷好食。

「得食」提供牛奶、咖啡兩種湯頭，前者用的是嘉明鮮乳，後者則是手沖古坑咖啡，搭配的食材有雲林縣大埤鄉的「究好豬」、斗南鎮芸彰牧場的台灣牛、斗六市的桂丁土雞、水林鄉好蝦囧男社的水產、口湖鄉的台灣鯛、雲林各地的履歷蔬菜，米則是斗南農會精米工場處理的台南十一號米，連醬油都很講究，是御鼎興純手工柴燒黑豆醬油。

這次的合作，也是鮮乳坊往實體店面的一次投石問路，透過牛奶鍋的推廣，為消費者一「鍋」打盡雲林在地好滋味，並傳達食物、土地和人的連結，展現鮮乳坊對在地農民的支持。

「得食」開幕後，獲得不錯口碑，知名主廚江振誠曾經過來用餐，也給了正面的評價。不過，受到二○二○年疫情影響，加上租約到期，「得食」暫

時畫上休止符，待日後找到適合的地點，就會捲土重來。

鮮乳坊跟芒果咖啡的合作，也從商業延伸到公益活動上。芒果咖啡目前有兩家門市，積極和當地的社區建立連結，像高雄孔廟店每年都會舉行兒童手沖咖啡比賽，除了推廣咖啡文化，也能增進親子關係，比賽用的牛奶就是由鮮乳坊贊助。另外，廖思為也不時會跟著華山基金會去社區關懷長輩，教他們手沖咖啡，老人家如果喝不慣黑咖啡，還可以搭配鮮乳坊贊助的嘉明鮮乳。

兒童、老人，本來都不算是咖啡的主要受眾，為了拉近他們跟咖啡的關係，牛奶就是不可或缺的角色。咖啡和牛奶相輔相成，芒果咖啡和鮮乳坊的合作，就像是好的咖啡和好的牛奶，可以為彼此加分。

另外，為了在鄉下賣精品咖啡，芒果咖啡累積了極強大的戰鬥力，可以賣餐點、賣伴手禮、辦活動，在各領域都有人脈。當鮮乳坊合作的店家，需要找好的農產品，就可以透過芒果咖啡，介紹雲林優質的農產品供應商。

芒果咖啡賣咖啡，鮮乳坊賣牛奶，然而他們同時也扮演資源串聯的平台，促成各種合作機會，讓更多在地好農出頭天。

Chapter ⑳

從供應鏈到價值鏈

通路是產品銷售的管道，站在供應商的角度，上架的通路愈多，產品獲得消費者青睞的機會愈大，多多益善，何樂不為？

然而，鮮乳坊並不這麼想。

他們是家中小型的乳品公司，推出的每一支鮮奶都是單一乳源，每家牧場的乳量有其上限，因為有這些限制，鮮乳坊必須根據產品的特性，在不同的實體通路中，找到最佳的戰場：豐樂鮮乳是超市，嘉明鮮乳是超商，幸運兒鮮乳主要供應連鎖咖啡品牌，許慶良鮮乳跨足了超市、手搖飲門市，最新加入的雙福鮮乳和桂芳鮮乳，也分別進駐量販店與超商。

即使鮮乳坊好幾支品牌都在超市上架，為了在個別通路中保持獨特性，比較少在同一個通路上架不同牧場的鮮乳，加上每個牧場的風味各有特色，也受到不同族群的消費者喜愛。每個通路都有不同的供貨要求，必須付上架費，並配合各種促銷活動，缺貨還可能有罰則，鮮乳坊鎖定有限的

逐漸茁壯的路上，鮮乳坊鐵三角著眼的始終不是
「能多賣幾瓶奶」，他們更看重能為這塊土地創造多
少價值。

通路，把資源花在刀口上，讓每支產品在所屬的戰場上，都有最好的表現。

在合作中創造更多價值

郭哲佑相信，與其找很多通路合作，但是關係都很淺，不如找理念契合的通路，發展比較深入的關係。鮮乳坊把自己定位成「解決方案」的協力者，除了提供最好的產品和原物料，也盡力滿足客戶的各種需求，包括找政府補助、找設計人才、想了解如何集資，或是想進修企管課程，這當然跟郭哲佑喜歡交朋友的特質有關，在雙方合作中創造更多價值。

就像交朋友一樣，志同道合，自然就會走得比較近。鮮乳坊跟好幾個知名通路合作相當緊密，理念獲得大老闆的支持是主因。但是，落實到執行面，則是兩邊的團隊在合作，仍然得進行大量的溝通，從一次又一次的磨合中，建立起共識。

舉例來說，二〇一九年，鮮乳坊第一次跟全家合作小農拿鐵的活動，站在通路的立場，當然是希望販賣的門市愈多愈好。當時配合使用的是嘉明鮮乳，單一牧場實在撐不起太大的量，當時雙方就做了不少溝通。隔年再

推出相同的活動時，便改用乳量較充足的豐樂鮮乳。

與家樂福的合作，更不只是產品的上架。鮮乳坊先是受到家樂福文教基金會倡議「食物轉型計畫」吸引，主動邀請執行長蘇小真親自造訪牧場，了解乳牛的生活環境，並討論到雙方在動物福利方面合作的可能性，才展開比一般通路和供應商更深刻的連結。

鮮乳坊想打造的合作關係，不只是供應鏈，而是價值鏈。他們定期為合作的通路、店家教育訓練，說明鮮乳坊是家什麼樣的牛奶公司，以及「獸醫把關」、「單一乳源」等訴求所代表的意義。只有獲得第一線採購人員的認同，才能真正形成價值鏈，進而影響整個產業，形成共好的生態圈。

Part

5

· · · · · · · · · · ·

鮮乳坊共好學 **3** 與團隊共好

不只是一家牛奶公司

鮮乳坊召集志同道合的夥伴，
公司發展和個人成長雙軌並行，
即使不同背景、特質，
都有機會在鮮乳坊施展所長，
找到自己的舞台。
以信任為基礎，
鮮乳坊鼓勵夥伴勇敢嘗試，
「快快做，快快錯，快快改」，
即使犯錯，
也視為一種學習。
鮮乳坊總是能把「關心」做到「窩心」，
這不只是一家牛奶公司，
也是夥伴感受歸屬感、幸福感的地方。

Chapter ㉑

多元包容，
每個夥伴都有舞台

鮮乳坊成立以來，搬過好幾次家。二○二○年，他們搬進了第五個的家。這間位於新北大道上的新辦公室，特別設置了開放式廚房，及中島用餐區。

每近中午時分，廚房便開始傳來飯菜香，幾位團隊夥伴分工合作，有人攪動大骨熬煮湯汁，有人忙著把切好的蔬菜下鍋。中島桌面上，已經擺出了大鍋白飯，和一大盤南洋風的雞肉料理。

當一切就緒，原本埋首於工作中的夥伴，陸續從座位起身，圍繞著中島區用餐。這是鮮乳坊的夥伴福利之一，免費的午餐由公司出資，夥伴輪班掌廚（大家工作太忙時，則有煮飯阿姨來幫忙），有個很典雅的名稱，叫作「御膳房」。

負責排班的柯智元，也是「御膳房」的發起人。他是鮮乳坊創業元老之

一，經歷過草創時期的昏天暗地。當時大家都忙得沒時間外出用餐，只能叫便當裹腹，吃來吃去都是那幾種口味。柯智元本身愛做菜，有一天他實在受不了，就利用公司的小廚房做些簡單的料理，之後陸續有同事找他搭伙，人數愈來愈多，就在公司的支持下，成為平日中午固定開張的「御膳房」。

只要有興趣，團隊任何人都可以加入「御膳房」，菜色由掌廚者自己決定，柯智元則會根據每個人的特色去排班，因此每天的菜色都有變化。「御膳房」就像是個平台，中式、西式，或是任何一種異國風的菜式，都有機會端上桌，眾人大快朵頤，掌廚者也很有成就感。

從某個角度看，鮮乳坊也像是個放大版的「御膳房」。龔建嘉有著開創者的反骨性格，即使開的是一家農產品公司，他也不想複製傳統的組織模式──權力由上而下，每個人都在設定的框架中行事，員工的存在只為了成就公司。

鮮乳坊走的是扁平化組織，公司就是打造一個大型平台，召集志同道合的夥伴，不問「你該做什麼」，而是「你想做什麼」，只要符合鮮乳坊的願景和理念，公司就會提供協助和資源，公司發展和個人成長雙軌並行，夥

伴成就公司的同時，也成就了自己。

鮮乳坊不想「馴服」員工成為千人一面，而是鼓勵每個夥伴做自己。這家牛奶公司展現了極大的多元包容力，不同背景、特質的人，都有機會在鮮乳坊施展所長，找到自己的舞台。

創辦「御膳房」的柯智元，就是一個很好的例子。

主動投資夥伴發展專長

按照先來後到的順序，龔建嘉、林曉灣、郭哲佑之後，鮮乳坊第四名夥伴，就是柯智元。

他跟龔建嘉同年，升高中那年，因為到加拿大遊學，兩人住同一個住宿家庭而結緣。之後龔建嘉去中興念獸醫，柯智元進政大讀廣播電視，並在音樂創作上嶄露頭角，在歌手盧廣仲還沒走紅前，兩人曾經一起做音樂。

柯智元跟龔建嘉雖然走的是截然不同的路，但是他一直很欣賞這位很有想法的老朋友，多年來一直保持著聯絡。

學生時代，柯智元就是公民運動的參與者。當他從英國學成歸國，正好

得知鮮乳坊的集資計畫，他很認同鮮乳坊改革產業的理念，主動表示願意加入，音樂人和獸醫又有了交集。

一開始，柯智元在音樂、多媒體的專長，很難在鮮乳坊找到切入點，主要就是幫忙接客服電話。當時，公司有專業的客服人員，柯智元就坐在旁邊，聽同事如何在電話裡應對、解決客人的問題。他天生聽力敏銳，很快就掌握電話客服應有的語調，並模仿得有模有樣。當這位同事離開後，柯智元就完全接手客服工作，一做就是三年。

柯智元不諱言，客服工作就是「挨罵」，每天從電話那一端，湧來滿滿的負面情緒，做久了也會心情黯淡，他也一度動念想要離開。後來他轉換角度思考，把自己當成音樂製作人，鮮乳坊就是他旗下的藝人，製作人就是要想辦法讓觀眾愛上藝人，他每天接這些電話，其實也是讓消費者愛上鮮乳坊，如此一來，他內心就舒服多了。

當鮮乳坊開始需要自媒體的內容，小公司資源有限，沒辦法每支片子都委託專業的製片公司，有點影音基礎的柯智元，就自告奮勇幫忙，白天從事客服工作，然後利用下班時間剪片、做配樂，雖是蠟燭兩頭燒，他也甘之若飴，「我從來不把鮮乳坊當成一份賺錢的工作，鮮乳坊就是我的事

柯智元拍片完全靠自學。為了在各種通路社群進行推廣，鮮乳坊有很多影片的需求，經常是柯智元在十萬火急下，完成任務。原本是音樂製作人的他，開始朝紀錄片導演發展。二○二○年下旬，鮮乳坊進行人力盤點，郭哲佑跟每個人討論職涯規劃，知道柯智元想拍紀錄片，就主動提議，介紹他認識導演游志聖。

游志聖製作過多部行腳節目，紀錄片作品「誰謎了路」還拿下了二○二○年金鐘獎。在郭哲佑的牽線下，柯智元跟著游志聖學習拍片，這段期間，鮮乳坊照樣支薪。

當朋友知道柯智元得到的待遇，都會問他：「公司在你身上投資，一定有跟你簽約，限制你幾年內不能離職吧？」事實上，柯智元和郭哲佑都沒有想過這件事，公司和夥伴之間的信任就是這麼深厚。

柯智元的第一部紀錄作品「通道」，就是以龔建嘉為主角，描述台灣大動物獸醫的處境，入圍了新北市紀錄片獎的前十二強。

從客服主任到影音製作，柯智元找到了自己在鮮乳坊的定位，就是成為一個為鮮乳坊說故事的人。

業。」

全公司聯手，「騙」他去度假

鮮乳坊是家新創企業，初期就是靠一群義勇軍打天下。他們都很年輕，也沒有太多職場經驗，因為認同理念，全心投入工作之中，把鮮乳坊當作自己的事業在拚搏。當時，公司規模小，成員人數也不多，無法做太嚴謹的分工，每個人都必須多功能，以解決問題、完成使命為第一要務。

綽號「阿牛」的賴冠延，因為「即戰力」太強大，很長一段時間，公司找不到最適合他的職稱。賴冠延現在是營運團、銷售團的團長，跟三名創辦人同為鮮乳坊主要決策者。

有人說賴冠延是天才，也有人形容他是奇葩。他不愛念書，學生時代念的是放牛班，高中也沒念完，靠著同等學歷進入淡大機電系。雖然跟書本無緣，賴冠延其實相當聰明，他凡事好奇，有疑必問，小時候幾乎拆遍了家中的電器。他觀察敏銳，總是在思考，如何優化細節，把事情做得更好。

鮮乳坊第一批鮮奶出貨，賴冠延是配送員之一。當時他幫朋友的忙，在厚生市集打工，對於怎麼改善配送流程，提出了建議。朋友認為他的特質，適合進新創團隊，就推薦他到鮮乳坊。他先在倉庫包貨，做了一、兩個星

期，對於如何提升包貨的效率，也有建言，林曉灣知道後，就找他過來當特助。

一開始，林曉灣也不知道怎麼用他，只好安排他跑跑腿，幫大家買便當。沒事時，賴冠延靜靜坐在旁邊，觀察林曉灣怎麼工作。他大約看了一個星期，就主動告訴林曉灣，有哪些例行工作，他可以幫她分擔，減輕了林曉灣不少工作量。

賴冠延不是奉命行事的人，他想要把事情做好的用心，有時超出了職權，在傳統的企業中，很容易踩到權力的雷區。然而，鮮乳坊是新創團隊，三名創辦人都不是權力控，提供了賴冠延很大的發揮空間。當龔建嘉在南部照顧牧場，郭哲佑跑外頭開發業務，就是賴冠延幫著林曉灣，像是製陶一般，將鮮乳坊這家公司慢慢捏出形狀。

比方說，鮮乳坊一開始是用 Excel 處理訂單，某天出了大事，寄件名單的姓名、地址、數量等資訊，全部亂了套，抱怨的客服電話接不完。收拾殘局後，公司意識到必須建立一套完善的官網系統，任務自然就落在林曉灣和賴冠延身上。不少企業的做法是購買現成的「模板」，再根據自己的需求去修改，但是鮮乳坊當時並不知道可以這麼做。賴冠延跟林曉灣都沒有系

統開發經驗，就是憑著一股蠻勁，以土法煉鋼的方式，硬是把有電子商務機制的官網做出來。

在擔任營運團團長之前，賴冠延是被放在機動組，基本上就是救火大隊，哪裡有狀況，就趕去救援。這是一般人避之唯恐不及的苦差事，賴冠延卻樂此不疲，因為他是用打遊戲的心態來面對工作。

賴冠延學生時期會打線上遊戲，還賣過虛擬寶物賺錢。現在他不打線上遊戲了，因為他從工作中，找到更大的刺激和成就感。「在工作中，你一樣需要破關、殺怪，愈是不容易破的關，不容易打倒的怪，當你拿下勝利，成就感就愈高，」賴冠延說。

他是為了成就感而工作，經常以公司為家，夥伴們都看在眼中。某天，郭哲佑要他去桃園機場開會，當他抵達機場時，看到一票同事，還有一個行李箱。原來，公司體恤他工作辛苦，很久沒休假，就送他到日本度假一星期。為了給他驚喜，同事全程保密，故意把他當週的行程約滿，不讓他做其他的安排，還跟賴冠延的家人串通，事先幫他打點好行李。

眾人用盡心思，就是為了讓他可以好好休個假。每次回想起同事在機場為他送行的那一幕，暖心指數破表，賴冠延仍感動不已。

身為鮮乳坊重要的幹部之一，賴冠延定位自己的功能，就是建立團隊的文化。「我想把鮮乳坊打造成一個遊樂園，帶領夥伴以破關、打怪的角度，積極面對工作中每一個挑戰和任務，」賴冠延說。他自己就是最佳遊戲王，每一次的過關斬將，不論是對團隊，或是對個人，都是再一次的升級。

發揮創意，把理念傳達出去

做為一家年輕的牛奶公司，鮮乳坊總是不缺生猛有趣的行銷點子。初期實體通路不多，靠著地瓜店、書局、補習班、寵物美容店等「非典型通路」，開放他們的冰箱，幫鮮乳坊賣了不少鮮奶。鮮乳坊稱這些店家為「奶頭」，並發給了可以配戴在胸口的「奶頭徽章」。鮮乳坊還出過一款「直腸觸枕」，手可以直接伸進牛的肚子取暖，還相當受到歡迎。

這些創意的發想人是現任品牌團團長劉容君，她笑道：「一開始只是搞笑，但是鮮乳坊是個很開放的地方，內部評估過沒有太大問題，就會試著做做看。」

劉容君是鮮乳坊第七號夥伴，因為之前待過廣告投放公司，她一進來就

接下了粉絲專頁小編的工作。龔建嘉很重視品牌對外傳遞的訊息，每則貼文的用字遣詞，都是兩人反覆推敲才定案。他們花了近三年的時間磨合，鮮乳坊的品牌形象也逐漸清晰：「我們就是消費者的好朋友，跟他們分享鮮奶、牧場相關的點點滴滴。」

小編除了要貼文，也要回覆訊息，有時候一個線上的活動，湧進一、兩百則留言，劉容君根據每一則留言「客製化」回覆，連龔建嘉都嘖嘖稱奇。「我真的是用對待朋友的態度，在回覆他們的訊息，」劉容君說。而她的用心，讓很多人成為鮮乳坊的「鐵粉」。

鮮乳坊早期人力有限，每個人經常得身兼多職。劉容君除了負責社群，做線上客服，還要協助訂單，必要時跟大家一起去倉庫包貨。當公司快速發展，她的工作內容也愈來愈雜，從各種線上、線下的活動，到公關、異業結盟、品牌合作，還有一些無法歸類的業務，也被割入行銷的責任區。

劉容君的團隊不大，前五年只有她和兩名同事，扛下了打造品牌的重責大任。他們不只是賣牛奶，還要改變消費者對食物的看法，認同公平交易、友善動物等理念，進而支持品牌，將鮮乳坊的訴求推廣出去。

站在與消費者溝通的第一線，劉容君與她的團隊就經常面臨許多還不認

識鮮乳坊的群眾質疑「為什麼你們牛奶賣那麼貴？」「你們的牛奶跟別人有什麼不一樣？」劉容君表示，這時不能只想宣傳自己的理念，而是必須從消費者的角度出發，從他們最在意的點切入。她觀察到，許多消費者雖然在乎食品安全，但卻不了解鮮乳的製作流程，耐心解說之後，消費者才知道原來「單一牧場」與一般大廠的混奶差異何在，也才了解要做到「單一牧場不混奶」必須有獨立的奶車和管線，這些都會反應在成本上。不卑不亢，溫柔堅定與不同立場的消費者理性對話，讓鮮乳坊逐漸獲得消費者的認同，在市場站穩腳步。

劉容君的工作雖然以行銷為主，仍然承擔了部分的銷售業務，這不是她所擅長的領域，做起來一直有壓力。二○二○年，她接下品牌銷售團隊團長一職，除了做品牌，還要帶銷售，業績壓得她喘不過氣來，但是她隱忍著不說。後來有夥伴幫她說話，公司內部討論後，卸下劉容君的業務負擔，讓她可以專注於品牌經營上。

在鮮乳坊，「人」是最重要的事。當劉容君陷入低潮時，公司願意給予空間，等待她慢慢整理好心態。重新聚焦後，劉容君期許自己持續發揮源源不絕的創意，將更多的品牌價值傳遞給消費者。

「客製化」職務，打造發光舞台

如同許多新創公司，鮮乳坊在快速發展時，新的挑戰也相繼而來。

鮮乳坊過去都是靠溝通，而非權力，來推動各項業務的執行。然而，隨著業務的成長，鮮乳坊從原本的小團隊，開始進行擴編，夥伴人數不斷增加，公司規模變大了，內部溝通便不如以往順暢，影響團隊的信任和向心力。

為了傾聽夥伴的心聲，公司設有匿名申訴信箱，名為「地獄列車」，因為公司組織是倒三角形結構，所有夥伴位於最上層，要向執行長申訴心聲，就把意見傳到最底層之意，非常有創意。只要掃貼在廁所的 QR Code，就能留言表示意見，公司會做出回應。另外，勞方代表陳宗聖一年進行兩次的勞工意見調查，也有助於公司了解夥伴真正的想法。

陳宗聖原本就是鮮乳坊的「鐵粉」，他認同鮮乳坊推動公平交易的理念，很想加入這個團隊。他第一次投履歷時，當時公司主要在找送貨的「奶哥」，沒有適合他的職務。後來，他去聽了龔建嘉的演講，十分感動，便傳訊給郭哲佑，無心之舉，讓他如願以償，成為鮮乳坊的一員，一開始在訂

單組，現任職於執行長室。

陳宗聖畢業於社會學研究所，訂單組的工作雖然能勝任，卻不是他真正能發揮所長的舞台。工作兩年後，他有了離開的念頭，卻在此時成為勞方代表，讓他找到了自己在這家公司的價值。

根據勞基法，事業單位必須選出勞資雙方代表，每三個月開一次勞資會議。鮮乳坊的勞方代表有三位，由於其中一位離職，就由陳宗聖遞補。當時勞資會議最重要的議題，就是變形工時。

鮮乳坊有很多促銷活動都在假日，為了行銷、業務人力的調度，公司有意採用變形工時，夥伴之間，對此出現不同的聲音。陳宗聖有社會學背景，他參考台灣歷年來勞工相關研究，根據鮮乳坊內部的狀況，設計出勞工意見調查的問卷，洋洋灑灑六十至八十題。陳宗聖再將調查結果進行分析，把公司內部結構性的問題點出來。

「勞工意見調查並不是要製造勞資對立，而是發掘潛在問題，並加以解決，」陳宗聖強調。他每半年進行一次勞工意見調查，工時和身心健康兩大主題輪流交替，完成結果分析後，會先向夥伴們發表，然後才向三位創辦人報告。

勞工意見調查揭露出夥伴對公司的想法，然而，要理解這些想法形成的原因，需要知識做為工具。因此，陳宗聖又善用了他另一個專長——開讀書會。他帶著林曉灣，以及人資相關的幹部，每兩個星期一次，以大約一年一本書的進度，陸續閱讀了《象與騎象人》（The Happiness Hypothesis）、《我愛身分地位》（Status Anxiety）、《推出你的影響力》（Nudge）等書，內容跨越了心理學、哲學、經濟學，參加讀書會的幾位夥伴都覺得很有收穫。

鮮乳坊給夥伴很大的工作彈性，陳宗聖在訂單組時，只要做完分內工作，他就利用時間做了台灣酪農產業的數據研究。二○二一年年中，經過他的提議，公司同意他轉換職務，擔任郭哲佑的資訊幕僚，分析系統累積的各種數據，做為公司進行決策的參考。

陳宗聖曾經在非營利組織上過班，工作不外就是聽命行事，他剛來鮮乳坊時，也沒有明確的定位。然而，鮮乳坊鼓勵夥伴發展「想做的事」，透過不斷的摸索和累積，「想做的事」跟公司的發展對接上了，個人的價值也就彰顯出來。

不論是對酪農、合作通路，鮮乳坊都是根據對方的需求，提供「客製化」

服務。對於團隊夥伴的發展，公司也是量身打造，幫他們找到最適合的位子。鮮乳坊可以聚集一群南轅北轍的人，因為他們在這裡，不只是擁有一份工作，還是一個可以發光發熱的人生舞台。

Chapter 22

從窗口到夥伴，力量更強大

二〇一五年，鮮乳坊橫空出世。三名創辦人都沒待過牛奶公司，連管理經驗都很有限。隨著第一批鮮乳出貨，公司開始快速發展，對人力的需求也愈來愈大。新創公司百廢待舉，等不及按部就班徵才，郭哲佑在外開發業務時，也順便找人，然後交由林曉灣面談，通過她這一關後，成為鮮乳坊的生力軍。

內部推薦一直是鮮乳坊很重要的用人管道，其中有好幾位，來自鮮乳坊合作單位的窗口，因為認同理念，選擇鮮乳坊做為下一個戰場，陳虎震就是其中之一。

在鮮乳坊，大家都叫陳虎震「虎哥」。退伍後，他從機車配送員做起，在知名物流公司一待就是十年，當到了部門的主管。後來陳虎震透過教會長輩認識龔建嘉，毅然轉戰這家當時才成立不到一年的小公司。

資深物流，變身業務戰將

陳虎震剛加入時，鮮乳坊的儲運系統還很陽春，只有一輛機車、一輛小型冷藏車，他花了三年布局規劃，建構出完整的物流團隊，有五輛大型冷藏車、三輛小型冷藏車，應付鮮乳坊本身的配送需求，已綽綽有餘。

陳虎震將過去的儲運所學，在鮮乳坊充分發揮，然而鮮乳坊畢竟不是物流公司，幾位創辦人擔心，公司的規模會成為陳虎震成長的天花板。根據「阿牛」賴冠延的觀察，陳虎震個性爽朗，容易跟人打成一片，有從事業務工作的潛力，便主動提議：「虎哥，你的儲運已經做得非常好，要不要來嘗試挑戰當業務？」

當時，陳虎震在儲運部門的工作很穩定，轉換戰場其實有風險，但是他考慮之後，決定接受建議，因為他知道，鮮乳坊是家鼓勵夥伴大膽嘗試的企業。

一開始，陳虎震其實不是很適應。這裡雖然有三位創辦人，卻沒「老闆」的權威，他們不畫地自限，只要對公司的發展有利，任何想法都有機會試試看，即使出錯也沒關係，甚至還把犯錯當作一種學習的方式。郭哲佑有

句名言：「快快做，快快錯，快快改。」就讓陳虎震印象深刻。

因為這樣的企業文化，陳虎震願意走出舒適圈，放手一搏。他一邊培訓儲運的接班人，同時也開始接手家樂福的業務工作。

陳虎震在業務的經歷原是一張白紙，慶幸的是，他有郭哲佑這樣的業務高手從旁輔導。他從郭哲佑身上學到兩個重要的業務心法：一是眼光放遠，不必急著成交，而是先從朋友做起，而且要思考的是，如何透過合作，讓兩個企業都能獲得加分；二是以時間換取空間，相信「戲棚腳站久了就是你的」。

隨著跟家樂福的合作步上軌道，陳虎震主動向公司提議開發「團購」市場，並獲得了支持。他從資助企業教育訓練的鮮乳做起，跟人資部門打好關係，爭取到企業團購的訂單，版圖逐漸擴大到醫院、學校、公家機關。

團購不但能增加營收，當庫存太多，還能及時消化，避免浪費。

除了團購，陳虎震手上還負責經銷，以及二○二○年開始合作的全聯。鮮乳坊給了陳虎震開創新局的機會，他也轉型成功，成為獨當一面的業務戰將。

中年轉業，發掘全新的自己

不論是跟酪農合作、跟通路合作，鮮乳坊都秉持「共好」的原則，盡力為對方創造價值，對待團隊的夥伴，也是如此。

傳統企業講「人力資源」，鮮乳坊則講「人才資產」，前者強調「用才」，後者則更重視「養才」。「人才資產」必須透過「加值服務」，才能成為「人才資產」。

鮮乳坊除了是家牛奶公司，也自許為人才培育的平台。鮮乳坊幫助團隊夥伴成長和升級，即使過去已累積了相當的職場經驗，他們也能在鮮乳坊發掘全新的自己。

以張智淵為例，他待過電腦公司、台灣主婦聯盟生活消費合作社（以下簡稱「主婦聯盟」），也自行創業過，二〇一九年加入鮮乳坊，成為業務組的一員。

他任職於主婦聯盟時，負責的是產品開發。當時主婦聯盟想引進一款鮮乳，就對市面上的產品進行了評比。主婦聯盟對於商品的品質，一向有著極高的標準，他們深入各品牌的產地，了解了生產的過程後，選擇了鮮乳

坊的豐樂鮮乳。張智淵是主婦聯盟對鮮乳坊的窗口，對這家公司有著很好的印象。

因為過去沒有業務經驗，公司安排張智淵從小型零售商開始做起，邊做邊學。一開始是業務組的夥伴輪流帶著他跑，郭哲佑也提供了他的行程，張智淵想參與任何一場會議，都可以同行。業務組的組長姚致宇會出功課給他，要他以兩分鐘、五分鐘、三十分鐘三種版本，向客戶介紹鮮乳坊，經過四次的演練，姚致宇才放行過關。

他算是中年轉業，加入鮮乳坊時，已經三十七歲，從一個業務新手，在公司的各種「加值服務」下，在業務這個領域，逐漸站穩了腳步。除了各大有機零售通路，鮮乳坊第五個品牌雙福鮮乳，在大潤發上架，也是交給張智淵負責。

張智淵個性謹慎，加上多年職場經驗，應對進退總是小心翼翼，不會輕易發言、表態。鮮乳坊有話直說的企業文化，張智淵一開始很不習慣。他之前服務過的公司，都屬於比較傳統的組織，上下位階分明，內部資訊流通權限明確。他來到鮮乳坊後，參加第一次大會，聽到龔建嘉向全公司公布財報，張智淵感到不可思議：「這種事情是可以讓大家都知道的

嗎？」

資訊透明化，是團隊建立信任的的第一步。張智淵發現，在鮮乳坊所形成的信任氛圍中，大家都能對事不對人，真誠說出心中的想法，也願意聆聽別人的意見。他在適應的過程中，也逐漸敞開心胸，真正融入團隊，成為鮮乳坊的一份子。

類似的轉變，也發生在訂單組組長李筱茜身上。

從獨善其身，到重視「人」的價值

擔任主管，是李筱茜為自己設定的階段性目標。她原本服務於物業公司的型錄銷售部門，那是家以男性為主導的企業，女性很難出頭天。加入鮮乳坊後，她如願開啟了管理的經驗，除了帶領訂單組，還會主動扮演「媒人」，為組員引薦其他部門更適合的職務。

李筱茜解釋，訂單組的工作性質接近業務助理，入門較為容易，可以在短時間內進入狀況，經常是新人加入鮮乳坊的第一站。不過，訂單組工作內容變化較少，她擔心會限制組員向上發展的空間，當公司內部出現更好

的機會，她很樂意幫忙媒合。

舉例來說，她觀察組內的夥伴杜秉祐很關心他人，對於組織的氛圍感受敏銳，私下也經常傾聽其他夥伴的心事。李筱茜認為，杜秉祐的特質適合從事人資，當她得知人資在找人，就推薦了杜秉祐。有趣的是，她找杜秉祐談論職務的異動，他才透露自己也有意轉為人資，只是擔心會對李筱茜造成困擾，遲遲沒有開口。

李筱茜甚至還會「超前部署」。有一次她在面試新人時，發現對方有品質管理的專業背景，當時鮮乳坊並沒有釋出相關職缺。她根據公司的發展狀況，預料很快就有品管人才的需求，就先將對方納入訂單組。果然沒多久，品管的職缺就開出來了，這位夥伴林慧怡也在李筱茜的撮合下，去從事她所擅長的品管工作。

每次將旗下組員引薦到其他部門，李筱茜就得再找新人來補人力的缺口。然而，她相信把對的人放在對的位子，不論是對夥伴、對公司，都是最好的安排。

然而，來到鮮乳坊之前，她其實是個獨善其身，跟人有距離感的人。李筱茜的前東家作風傳統，主管職稱不能叫錯，早會要呼口號，但是她

對於公司所標榜的企業文化，並沒有太多感覺。在鮮乳坊，「老闆」不擺架子，沒有形式主義，仍然能凝聚了強烈的向心力，因為這家公司在乎每個人。

受到團隊氣氛的影響，李筱茜發現自己改變了不少。她變得更溫情，更樂意與夥伴交流，對於擔任主管這個角色，她也有更深刻的體會，「制度雖然很重要，要做好管理，仍然要回到人的身上。人對了，事情就能做對。如果我未來朝管理職繼續發展，我最重視的，一定還是人的價值。」

什麼是「鮮乳坊的樣子」？

杜秉祐形容自己像「變色龍」，可以靜靜當個聆聽者，也可以是團體中的開心果。他總是關注著周遭人們的狀況，從細微處洞悉人心。他在訂單組服務了近三年，在李筱茜的引薦下，轉換到人資組。

杜秉祐沒有人資相關背景，但是公司相信他的暖男特質，可以把人資工作做出自己的風格。他接下了招募和訓練的業務，新人第一關面試，他都會參與。除了了解專業能力，杜秉祐會從求職者的言談中，觀察對方有沒

有「鮮乳坊的樣子」。

他為「鮮乳坊的樣子」所下的注解，就是「善良」。

杜秉祐曾經是天仁茗茶對接鮮乳坊的窗口。他在天仁茗茶待了九年，因為職業倦怠，考慮轉換跑道，先辦了留職停薪，然後到鮮乳坊客服做了兩個月的兼職。九年的年資畢竟累積不易，是否該跳入一家新創公司，杜秉祐並不是百分百確定。

他以兼職者的身分，參加了每週的大會。某一次，龔建嘉上台，跟全公司談年度分紅的問題。他希望徵求大家的同意，讓在該年度離職的夥伴，也可以獲得分紅。現場沒有人反對。就在那一刻，杜秉祐心中有了答案：

「這就是我要待的公司。」

檢視一家企業的本質，就是它如何對待人才。鮮乳坊在乎每位夥伴的付出，即使有人離開了，公司仍然感謝他們的付出，除了該年度的分紅，不定期也會寄贈禮盒。鮮乳坊以善良為本，珍惜每一場合作的緣分，並不吝回饋。

善良是鮮乳坊的企業 DNA，從招募時找「對的人」開始，到團隊內部氛圍的營造，都是為了建立「好人團隊」。為了啟動善的循環，在鮮乳坊每

週舉辦大會前，會發給每個人小卡片，寫下這個星期幫助過自己，或是自己最感謝的夥伴，大會的前十到十五分鐘，會有人唸出這些內容，一個月累積下來，被感謝最多的人，獲選為「共好之星」，除了頒給獎狀，人資還會送上一份客製化的小禮物。

杜秉祐個性與人為善，在同樣重視善念價值的企業中，做跟人有關的工作，可以說再適合不過。觀察夥伴的需求，以細膩而貼心的方式提供協助，就能為他帶來踏實的成就感。

不過，比起成就感，杜秉祐認為，鮮乳坊帶給他的歸屬感，意義更大，「在這家公司，你可以自在展現個人樣貌。大家都知道彼此的優缺點，也願意包容，你會覺得自己屬於這裡。」

這些來自不同合作窗口的夥伴，選擇了鮮乳坊做為職涯再出發的起點，或是成功轉型，或是另闢戰場，或是對人更有溫度，或是找到歸屬感，每個人都為團隊創造了屬於自己的價值，成為鮮乳坊的「人才資產」。

Chapter 23

看不見的，才是最重要

鮮乳坊的辦公室是開放式空間，除了電話客服需要安靜，有自己的辦公間，其他人不分部門、層級，都坐在兩排對坐的座位中。

這樣的空間配置，傳遞著一個重要的訊息：每個人都是鮮乳坊的一份子，都應該獲得照顧和關懷。

郭乃瑢經常出現在不同座位之間，跟夥伴討論事情。她是鮮乳坊營運團副團長，這個職務偏向管理職，當她需要跟不同部門的夥伴布達消息時，她不是把大家召集在一起開會，而是分別進行溝通。郭乃瑢認為，這麼做雖然比較花時間，其實更有效率。

「每個人都是獨立的個體，你發布一個訊息，每個人的理解都不同，與其事後才去釐清誤解、化解分歧，還不如一開始就溝通清楚，」郭乃瑢解釋。

就讀大學時，郭乃瑢就在鮮乳坊實習，畢業後正式成為鮮乳坊夥伴。

她從官方網站的管理做起，當過客服，到機動組執行專案，又到研發組，負責生管採購。她在鮮乳坊跨越過好幾個部門，跟大家都熟，有個暱稱是「全公司最重要的人」。

郭乃瑢賣力工作，鮮乳坊在全家和路易莎上架，相關的接單和出貨事宜，最開始都是她一手搞定。她習於單打獨鬥，不太會考慮到別人是否跟上來。某一次在大會中，郭乃瑢聽到龔建嘉說：「如果有人很聰明，走得很快，請記得停下來，等一下你的夥伴。」這句話深深觸動了她。

郭乃瑢想起，自己過去也做了不少錯誤的判斷，總是有夥伴在背後撐住她，是團隊讓她獲得成長。她將龔建嘉的提醒，銘記在心，比起個人的成功，她現在更在乎團隊是否能從經驗中，有所收穫，變得更強。

她坦言，很多人是因為理念認同，加入了鮮乳坊，但是每個人因為理念而衍生出對公司的期待，以及願意為這份理念承擔多少工作量，都不一樣，因此她願意花很多時間去跟夥伴進行溝通，因為只有當大家心在一起，才能真正成為一個團隊。

從實習生到重要的幹部，鮮乳坊看著郭乃瑢的成長，她也見證這家年輕公司愈來愈有制度，像是新人上班第一天，桌上會有整套周邊小物，名片

已經印製好，主管會帶領著拜訪其他部門，以及完整的新人訓練課程，都是她當年所沒有的福利。

「新人剛進鮮乳坊，會覺得這裡很溫暖、很好玩，但是世上沒有百分之百溫暖的地方。即使公司是善意的出發點，夥伴不見得都能感受到，」郭乃瑢有感而發。難得可貴的是，鮮乳坊一直在學習、調整、優化，盡力為夥伴做得更多，讓每個人可以在這裡感受歸屬和幸福。

為夥伴的下一步職涯，提供建議

鮮乳坊有好幾位夥伴，學生時代曾經在鮮乳坊實習或工讀，畢業後就轉正職，正式邁開職涯的第一步。鮮乳坊就像是她們的「娘家」。除了郭乃瑢，業務組的林德美，也是「鮮乳坊的女兒」。

林德美一直對社會參與有熱忱。就讀輔大社會系時，她就曾贊助了鮮乳坊的第一次群眾集資。因緣際會下，林德美先是在鮮乳坊打工，在微風廣場負責擺攤，之後正式加入鮮乳坊，擔任業務助理。

當時，每個人都在忙自己的事，沒有人來告訴林德美該做什麼，她一度

感到迷失，看不到自己在這家公司的價值。即使後來工作逐漸上手，也扛下了家樂福、大苑子等重要客戶，她還是對自己充滿懷疑，離職的念頭週期性浮現。

她內心的起伏，郭哲佑其實都看在眼裡。某一天，林德美去巡訪通路時，站在手扶梯上，收到一則訊息。平時難得誇獎人的郭哲佑，傳訊稱讚她的表現。他突如其來的暖心之舉，讓林德美當場熱淚盈眶。

另一方面，鮮乳坊鼓勵夥伴社會參與，甚至還有「志工假」的制度，也讓林德美有了歸屬感。她和品牌團團長劉容君都熱衷動物保育，定期召集夥伴，到流浪動物的機構做志工。她關心街友，協助郭哲佑發起募捐，跟服飾品牌合作，為街友添置冬衣，並在街友年終尾牙時，提供熱騰騰的紅豆鮮乳、薏仁鮮乳，讓街友暖胃又暖心。

當香港發生人權迫害時，龔建嘉毫不避諱表態，在鮮乳坊的粉絲專頁上發文挺香港。他的敢言，讓曾經是「憤青」的林德美十分佩服，身為鮮乳坊的一份子，她深感驕傲。

林德美喜歡做料理，在南機場夜市的臭豆腐攤打過工，也一度是「御膳房」的固定班底，她考慮未來朝餐飲界發展，也向公司提出想法，劉容君

建議她可以再多累積餐飲相關的人脈，郭哲佑則指點她先設定階段目標，提升能力，循序漸進完成夢想。他們的意見，幫助她在跨出下一步之前，可以做好更充分的準備。

從一開始的茫然無措，林德美逐漸在鮮乳坊找到歸屬感，在這個過程中，她也更加認識自己，相信自己，喚醒了追求夢想的行動力。

友善育兒，讓夥伴安心工作

二〇二〇年四月，鮮乳坊將人資組當中的「管家職能」獨立出來，增設「管家組」，原任人資組的趙婷是第一位組員，身兼行政、總務、採購，從修繕、消防安全，到安排夥伴的午餐，辦公室裡的大小瑣事她一手包辦。

學生時代，趙婷曾以鮮乳坊為主題，參加國際行銷比賽。當時鮮乳坊派出了三個人協助她，龔建嘉也接受她的訪談，最後順利獲獎。這家公司對於學生的友善態度，讓趙婷留下了極佳的印象，畢業後便決心加入鮮乳坊的團隊。

她從訂單組做起，工作內容穩定，很適合企圖心不強的她。趙婷個性溫

和，跟各部門的夥伴都建立良好互動，而且會把每個人的習慣、喜好都記在心裡，是眾人眼中的小天使。

結婚、生子等人生大事，趙婷都是來到鮮乳坊後完成。另一半還是在鮮乳坊的大門口求婚，所有夥伴圍成一圈助陣，場面十分溫馨。請完產假後，她回來上班，公司提議她轉調人資組，當下她心裡很不安：「是我做得不夠好嗎？所以要趕我走？」

其實，公司是期待她能發揮「人和」特質，為團隊帶進更多溫暖能量，並體諒她是新手媽媽，必須花比較多時間在孩子身上，較難配合訂單組的週末輪班，才有調職的提議，趙婷了解原委後，才豁然開朗，「原來，我是被人放在心上的。」

鮮乳坊開放夥伴帶孩子，是趙婷眼中的德政。當家裡沒人帶孩子時，她就把兒子帶到公司。鮮乳坊有個類似圖書室的空間，除了書，還備有畫板、畫紙、玩具車，讓孩子可以打發時間。

趙婷認為，開放帶孩子上班，除了體貼分身乏術的新手媽媽，同事工作到一段落，會跑來跟小朋友玩，有助於紓解壓力，小朋友也有更多與人互動的機會，一舉數得，因此她還滿常帶孩子進辦公室。

三名創辦人中，她最常跟林曉灣接觸，每當內心迷惘，她就找林曉灣傾訴、解惑。短短幾年，她為人妻、人母、婆媳相處、育兒問題，人生的新挑戰接踵而至，團隊夥伴有不少過來人，是她最好的智囊團。

在趙婷心中，鮮乳坊是她第二個娘家。她願意善盡「管家」之責，守護每位夥伴，因為她知道，夥伴們也一直在守護著她。

無形關懷，接住夥伴的黯淡情緒

夥伴之間互相守護，是鮮乳坊很重要的企業文化。

疫情爆發後，訂單組的江宜樺跟大家一樣，都必須在家工作。女兒才兩歲多，正是黏人的年紀，白天工作時，她經常被打斷，遇到需要及時處理的事情，難免心急如焚。

她向組長李筱茜求助。李筱茜很貼心，重新調整了江宜樺的工作內容，減少需要立即回應的事情，改為利用晚上或零碎時間就可以完成的工作。

江宜樺原本不是個會輕易開口求助的人。面對工作，她認真盡責，總是樂意幫助別人，卻也盡可能不要麻煩別人。

然而，在當上媽媽之後，她發現自己必須改變。江宜樺是鮮乳坊第二個新手媽媽，懷孕時她就備受呵護，不時受到夥伴的關懷。產假結束後復職，她意識到自己無法像過去那樣全心投入工作。為了照顧孩子，她有時必須提早下班，公司重要的活動，像是每週的大會、共識營、教育訓練等，她也經常缺席。

有了媽媽這個身分，江宜樺覺得跟公司的距離變遠了，而且擔心自己是否成為部門的包袱。「我覺得自己根本是個『薪水小偷』，」江宜樺吐露心聲。有一段時間，她陷入低潮，跟同事的互動也有點不自在。

後來，江宜樺陸續收到來自三位創辦人的訊息。他們告訴她，一家企業如果把每位夥伴視為自己人，就應該要體諒夥伴的每一個階段，當夥伴邁向新的人生階段，公司應該要成為大家的後盾，而不是壓力。他們很感謝江宜樺，公司透過她，看到了新手媽媽的困境，從而開始思考，未來該如何幫助有相同困擾的夥伴。

讀著這些溫暖的訊息，江宜樺覺得自己是被理解的，內心的烏雲散去，照進了陽光。她也學習到一課，就是需要幫助時，就主動提出，大家都很樂意伸出援手。

鮮乳坊總是能把「關心」做到「窩心」。在家工作這段期間，江宜樺不時收到公司寄來的包裹，包括了蔬果箱（鮮乳坊新推出的宅配服務）、餅乾、優格、葉黃素等。有一天，江宜樺甚至收到一份火鍋食材，公司跟大家約好時間，一起上線吃火鍋聊天，這種聯絡感情的方式，相當有創意。

鮮乳坊的徵才啟事上，列出了很多誘人條件：有機食材製作的免費午餐；無限暢飲的鮮乳、氣泡水；公司定期內外訓，每年超過十二場；琳瑯滿目的福利，像是烤肉趴、飛行傘、電影包場、小旅行等。

然而，最讓夥伴念念不忘的，卻是那些無形的關懷。在他們陷入黯淡的情緒時，公司看到了，悄悄接住了，告訴他們：「不用擔心，其實你做得很好。」

龔建嘉經常引用《小王子》的那句：「真正重要的東西，用眼睛是看不到的。」鮮乳坊能夠把各種不同的夥伴，緊緊串聯在一起，那是因為，真正重要的東西，他們用心看到了。

Chapter 24

五十九分的執行長

星期四早上，龔建嘉出現在鮮乳坊台北的辦公室。當天的行程表，排滿了各種會議，有時候甚至得開到深夜，才告一段落。

星期一到星期三，同事通常看不到他。這三天，他留在雲林，持續巡場獸醫的工作，照顧乳牛的健康，跟酪農緊密交流。

如果沒有特別的活動，龔建嘉通常在星期五晚上，然後搭高鐵回雲林。一星期七天，龔建嘉在台北只停留兩天，鮮乳坊是一家老闆常態性缺席的公司，即使在新創公司中，也是個很特殊的例子。

牧場是鮮乳坊的命脈，龔建嘉的獸醫身分，讓他可以繼續扎根牧場，因此他選擇了這樣「非典型」的做法來經營公司。

遵循常規，向來不是龔建嘉的風格。舉例來說，他認為，鮮乳坊的組織應該是靈活、敏捷、充滿彈性，而非「一個蘿蔔一個坑」的僵化模式。公司成立前四年，鮮乳坊沒有組織圖，很多人的職責是模糊不清的，仰賴內

部互助好的文化，推動各項工作的進行。

就像多數的新創公司，鮮乳坊最初也是從二、三人團隊開始發展。創業時期，百廢待舉，每個人都得身兼數職，相互支援，有球就接，有需要就補位。因為共患難而培養出了革命情感，靠著彼此的信任，以完成任務為第一順位。

公司在發展，規模就跟著變大，鮮乳坊已經是近七十人的公司。當球場裡傳球、接球的人愈來愈多，誰該主動接球，漏接了又是誰的責任，問題無法釐清，磨擦開始出現，團隊的信任度一點一滴在消耗中。

二〇一九年九月，鮮乳坊正式畫出組織圖，不同的部門，不同的職務，每個人都有他的定位，井然有序。當然，龔建嘉也擔心，當權責劃分清楚後，夥伴會不會就埋首在自己部門的事務上，不再主動接其他人的球。

為了避免部門各自為政，形成「穀倉效應（Silo Effect）」，龔建嘉導入了「目標與關鍵結果法（Objectives and Key Results，簡稱 OKR）」這項管理工具。簡單來說，當企業根據使命與願景，訂定了年度的目標，各部門就要針對企業的大目標，設定自己部門或個人的目標，這些目標必須跟大目標有所關係，部門主管或夥伴，必須再為這些目標設定可以被量化的

「關鍵結果」，目的是為了讓夥伴了解自己是否已經達成了目標。

龔建嘉舉例，如果鮮乳坊的年度目標（O）之一，是證明自己是台灣最好的鮮奶品牌，關鍵結果（KR）則包括了建立生產履歷、動物福利標章、鮮奶風味品評機制、網路品牌好感度領先等，各部門就要根據公司的目標和關鍵結果，去展開自己的目標和關鍵結果。

因此，雖然每個部門都有自己在做的事，因為部門的目標和關鍵結果，是跟公司的目標、關鍵結果連動著，整體還是朝著共同的目標邁進，不至於多頭馬車，各行其是。

OKR跟常見的KPI（Key Performance Indicators，即「關鍵績效指標」）不同。KPI是從上而下的要求，公司要你開發二十個客戶，達標了就有獎勵，無法達標就得承受壓力，夥伴整天只埋首拚業績達標，對於企業的目標和方向，並沒有太深刻的感受。

OKR的做法是從下而上，夥伴跟部門主管討論後，自己設立目標和評分機制。目標是開發十家店，結果達成了五家，從KPI的角度看，只有達標五〇％，而OKR讓夥伴來評斷自己的表現，他可以給自己滿分，因為在疫情期間，很多店家生意受影響，甚至不支倒閉，能夠開發五家，已

經是很出色的結果。即使KPI達標一〇〇％，夥伴也可以認為目標設得太低，自我挑戰不夠，給自己打比較低的分數。

OKR以企業的願景和目標為出發點，在乎的是夥伴怎麼看待自己的工作，強調的是團隊共創的精神。在龔建嘉看來，OKR這樣的管理工具，很適合鮮乳坊，而鮮乳坊開始畫組織圖，就是為了要在內部推動OKR。

除了團隊方向需要聚焦，鮮乳坊還有另一個困境要解決，就是「誰來當老闆」？

老闆，是限制企業發展的天花板？

直到現在，龔建嘉還是很排斥「老闆」這個身分。

他是鮮乳坊的創辦人，是這家公司推動願景、使命的火車頭，然而他一星期只在公司兩天，公司裡沒有他的辦公室，內部的行政運作，他交給林曉灣，外部的資源串聯，則放手讓郭哲佑去發揮。三個人各有擅長之處，也有不足之處，這樣的組合，形成彼此互補，又能巧妙平衡的領導核心。

然而，三個人過去的管理經驗，接近白紙。創辦鮮乳坊之前，龔建嘉只

在「春穀」上過班；林曉灣待過的是三、四人的小公司；郭哲佑創業過，以單打獨鬥為主，也沒什麼帶團隊的心得。三個人勉強組合成一個執行長，照龔建嘉的說法，也只是個「五十九分的執行長」。

當然，沒有人一開始就懂得怎麼當老闆。隨著鮮乳坊在短短幾年內，團隊人數不斷成長，出現更多管理上的挑戰，這位「五十九分的執行長」似乎也有點左支右絀了。

在很多企業中，老闆的地位最大，他決策、指示、命令，所有的人都聽命行事，但是龔建嘉不是這樣的「老闆」，他不願意大權在握，而是跟大家一起做決策，卻也產生了另一個問題：「誰說了算數？」龔建嘉平時的工作重心在牧場，當他參加了其他部門的會議，並貢獻了一些意見，部門主管該怎麼看待？當成老闆的指示，還是純屬參考就好？

龔建嘉擔心自己會成為鮮乳坊的天花板，他在企業管理的經驗不足，會限制住公司的發展。這種感覺愈來愈強烈，他需要找出一個解決方案。

剛好在郭哲佑的介紹下，龔建嘉認識了一位在找工作的專業經理人。起初，只是參加個普通的飯局，龔建嘉並沒有太多想法，跟對方交流後，他突然靈光一閃：「為什麼不能找外部人士來幫忙解決這個問題？」

這位專業經理人有著相當漂亮的履歷背景，龔建嘉找她進來當鮮乳坊的執行長，期待對方可以支持團隊成長，並從內部培養下一個執行長。

對於讓外部人士「空降」為鮮乳坊的執行長，龔建嘉的心態相當開放：「在鮮乳坊，我並沒有比別人厲害，只是發起了這樣一個想法，定下了我們的使命。當我定下使命的那一刻，我已經發揮我最大的效益了。如果找得到更強、更厲害的人，讓我們走得更穩健，why not？」

二○二○年年初，鮮乳坊有了新任的執行長。該執行長帶來了非常多重要的經驗與解決方案，推動了整個公司快速的突破經營瓶頸。但經過一段時間後，這位執行長最後沒有繼續留在鮮乳坊。

從外部找專業經理人來領導鮮乳坊，是個尚未成功的實驗，但卻讓他們學到很多寶貴的經驗。鮮乳坊還沒有準備好讓專業經理人容易發揮的組織運作系統，透過這次經驗，三人組也看清一件事：領導鮮乳坊的責任無法交給外人，他們必須自己扛起。

龔建嘉、林曉灣、郭哲佑是個很奇特的合夥人組合，他們願意為鮮乳坊完全奉獻，卻沒有一個人想當「老闆」這個角色。他們要找外部的專業經理人，其實就是想把「老闆」這個角色交給他人。繞了一圈，這個角色又

回到他們身上。

二〇二一年，接下執行長的是郭哲佑。他認為，前任執行長離職，某種程度上，也凸顯了一些內部的問題，對鮮乳坊來說，未嘗不是件好事。

老闆，是支撐大家往上成長的地板！

鮮乳坊是家年輕的公司，短短幾年，衝得非常快，服務的牧場從一家到六家，各種問題不斷的冒出來，大家忙著處理表面的問題，問題的根本卻沒有獲得解決，「每個人對鮮乳坊該怎麼走，認知都不太一樣，團隊缺乏共識，是最大的問題，」郭哲佑說。

他接任執行長後，把原本每週的週會，改為兩週開一次，另一週則排入共識營，目的在強化團隊的共識。另外，他也跟夥伴進行一對一的訪談，對於促進彼此的理解，有很大的幫助，並拉近了夥伴跟「執行長」這個角色的距離。

之前畫出的組織圖，又做了調整，最大的不同是，郭哲佑把自己放在最底下，「我是來服務大家的，」他強調：「我要扮演的是地板，支撐大家往

郭哲佑坦言，三人組一路走來，經歷了很多風風雨雨，外人看他們合作無間，簡中滋味只有他們自己最清楚。不過，每次遇到重大危機，像是之前的「挖牆角」事件，或是空降執行長帶來的衝擊，三個人立即展露守護彼此的默契，反而更有助於凝聚情感，從工作夥伴的關係，朝朋友這一端，邁得更近一點。

他們重新調整了決策機制——牧場相關是龔建嘉，人事財務相關是林曉灣，業務相關是賴冠延，營運相關是郭乃瑢，品牌相關是劉容君，跨部門的事務，大家會一起討論，再由郭哲佑這個執行長拍板定案，算是延續了之前的決策分工，最後也有人一錘定音。

相較於過去「五十九分的執行長」，郭哲佑認為，現在的領導決策模式，加上持續推動OKR，團隊的氣氛有明顯改善，整體來說，應該可以拿到及格的分數，不過他還是只給自己打五十九分，鞭策自己要更努力。

對於新創企業來說，快速發展是把雙面刃。當公司規模不斷擴張，理想與現實開始拉扯，制度與人性相互角力，如何在績效管理中，仍能維持夥伴共好的初衷？這一課，鮮乳坊還在學習。

Part

6

· · · · · · · · · · ·

鮮乳坊共好學 ❹ 與消費者共好

我是奶粉我驕傲

鮮乳坊重視跟消費者的互動，

除了傳遞企業的理念和使命，

他們也聆聽消費者的聲音，

把產品跟服務做得更好。

從實體活動，

到網路社群，

不少消費者深入了解鮮乳坊後，

成為忠實擁護者「奶粉」，

認同品牌理念，

線上線下頻繁交流，

「奶粉」是鮮乳坊的推廣大使，

透過負責任的消費，

推動負責任的生產，

與鮮乳坊一起改變世界。

Chapter 25

打造人氣「奶粉罐」

袁嘉翎進入鮮乳坊粉絲專頁的管理平台，此刻，她的身分是「小編」。有消費者用私訊提了一個問題，她迅速完成答覆。一般粉專的小編，工作大概只做到這邊，但是她會繼續跟對方攀談：「為什麼想買鮮乳坊的鮮奶？」「你對鮮乳坊的產品有什麼想法？」「你平時都在哪裡買鮮奶？」

閒聊拉近了彼此的距離。對方本來只是單純的消費者，因為私訊上的交流，對鮮乳坊好感大增，成為真正支持鮮乳坊的粉絲。

鮮乳坊前後有五代小編，袁嘉翎是第二代。政大法律系畢業的她，大四來到鮮乳坊實習，就一直待了下來。她現在是行銷暨客戶成功組組長，鮮乳坊不論是實體或網路上的行銷活動，基本上都在袁嘉翎的守備範圍。

鮮乳坊是靠群眾集資起家，也就是說，先有消費者的支持，才有了鮮乳坊這家公司。鮮乳坊很重視跟消費者的交流，一方面是傳遞企業的理念和使命，另一方面，聆聽消費者的聲音，他們才能把產品跟服務做得更好。

擺攤是跟消費者面對面接觸的最好機會。鮮乳坊擺攤的地點相當多元，從南港食品展、國標舞大賽、路跑活動，到彰化乳牛節、崙背香瓜節、簡單生活節等，二○一九年二月二十八日到三月三日，鮮乳坊在華山文化園區舉辦了「親愛的，我把牧場搬過來了」，涵蓋了展覽、演講、市集、體驗，更是一場擁抱群眾的嘉年華活動。

透過試喝、跟現場工作人員的互動，消費者可以在最短的時間內，對鮮乳坊建立初步的印象。然而，就像種子播進了土壤，還需要灌溉才能生根。鮮乳坊必須持續跟消費者保持接觸，才能走進他們心中，成為值得信賴的品牌。

官方網站、部落格、臉書、Instagram，都是消費者可以進一步認識鮮乳坊的線上平台。官方網站、部落格，主要是做為發布訊息之用，臉書、Instagram則能發揮更多雙向對話的功能。袁嘉翎觀察，Instagram的溝通，以照片為主，文字為輔，使用者以年輕族群居多，產品、活動的訊息比較容易獲得迴響。

鮮乳坊的粉絲專頁創立於二○一四年十一月，比羣建嘉第一次群眾集資還早，算是鮮乳坊發展網路聲量的基地。粉絲專頁是開放的空間，只要有

臉書帳號，任何人都可以瀏覽貼文、按讚、留言，或是私訊小編。小編在粉絲專頁上，也更能盡情揮灑，完整呈現理念。

新品資訊、乳牛知識、牧場花絮、料理教學……，鮮乳坊粉專內容琳瑯滿目，除了「鮮奶」這個主題，團隊所支持的棒球運動、偏鄉關懷、婚姻平權，也會出現在動態貼文中，這些訊息點滴滴累積下來，為消費者心中的鮮乳坊，勾勒出更鮮明的形象。

袁嘉翎認為，粉絲專頁的開放性，在接觸消費者的廣度上，有著很好的效果。另一方面，很多人進來可能只做短暫的停留，他們沒有跟品牌建立更進一步的關係，品牌也沒有真正認識這群消費者。

為了深化跟消費者之間的連結，原本任職客服部的吳妮庭，提出了成立臉書社團的想法，內部討論後，認為值得一試。二〇一七年三月二十九日，鮮乳坊的社團正式開張。

社團，串聯起產地、通路、消費者

吳妮庭從政大中文系畢業後，她應徵進鮮乳坊，擔任實體店的店長。實

體店收掉後，她轉任電話客服，也會幫忙袁嘉翎寫一些粉專的貼文。吳妮庭會提議做社團，除了是看到趨勢，有愈來愈多的企業經營臉書的社團，也跟她的客服經驗有關。

鮮乳坊的產品，單價比一般市售品牌來得高，吳妮庭常遇到消費者質疑：「為什麼你們家的鮮奶賣得那麼貴？」要把鮮乳坊的理念，特別是在生產端的投入，在一通電話說清楚，並不容易，需要更多媒介，讓消費者看到，鮮乳坊所創造的價值。

臉書上的社團，不同於粉絲專頁的開放性，你必須提出申請，通過審核，才能進入社團。這種會員制的做法，卻也讓社團成員可以主動發言，參與度比粉絲專頁更高，更有機會形成真正的社群。

經營社團，最怕眾人「潛水」，只有小編唱獨角戲，場子熱不起來。鮮乳坊社團成立初期也是冷灶，後來加入了一位新成員「樂樂媽媽」，她以兒子「樂樂」一日三餐加點心為主題，每天至少貼一篇文，配圖中一定有鮮乳坊產品。樂樂媽媽發文勤快，對社團其他成員，起了示範的效果，大家紛紛主動分享，氣氛也慢慢熱絡起來。

鮮乳坊社團原名為「奶粉聚集的奶粉罐」，一年後改名為「鮮乳坊A++奶粉

罐」，延續至今，成員約有五千五百名。這個神奇的「奶粉罐」聚集了一群鮮乳坊的死忠粉絲，他們的冰箱裡總是至少有一瓶鮮乳坊的鮮乳，熟知生活周遭所有販售鮮乳坊產品的店家，他們支持「單一乳源」、「公平交易」等理念，當架上有各種鮮乳品牌，他們的目光總是鎖定鮮乳坊的那隻可愛小乳牛。

在吳妮庭手上，鮮乳坊的社團從無到有。她認為，產地、通路、消費者之間，存在著資訊的斷裂，社團的功能，就是提供透明的資訊，將三者串聯在一起。

吳妮庭根據馬斯洛的需求層次理論，發展出不同的服務，比方說，提供「鮮乳坊有什麼產品」、「哪裡買得到」等產品資訊，滿足粉絲對鮮乳的生理需求；另外，小編建立互動排行榜，統計粉絲們的貼文、留言，每個月選出前十大，致贈小禮物，以及小編親手撰寫的小卡片，透過有形、無形的誘因，鼓勵粉絲互動、交流，營造可以討拍、取暖的環境，滿足他們的社交需求。

在鮮乳坊的社團，小編聆聽粉絲的心聲，再回報給公司內部，為他們達成心願，讓粉絲們以身為奶粉為榮。舉例來說，鮮乳坊的大包裝玻妞優格

飲剛上市時，包裝上有一層封膜，不容易撕開，就有奶粉在社團裡反映，經過業務部門的了解，通路也有類似的意見，很快就做出調整，在包裝裡附上可以切開封膜的小工具。

鮮乳坊推出 $A_2\beta$ 酪蛋白鮮乳時，也曾招募奶粉，舉辦線上試喝會，眾人一起討論如何行銷這款商品，參與感讓他們對品牌產生更深刻的認同。

在社團中，奶粉們透露他們平時都在哪些通路購買產品，對每個牧場的鮮乳又有什麼想法，這些分享的內容，幫忙鮮乳坊更了解他們的消費者。

由於酪農平時難得接觸消費者，社團裡的回饋對他們來說，可以說相當珍貴。小編每個月會將各家牧場的相關內容整理出來，由龔建嘉轉給牧場做為參考，業務團隊也可以根據消費者行為，更有效推動銷售。

一開始，考慮到有些奶粉對於產品的意見，可能會說得很直接，鮮乳坊並沒有主動邀請酪農加入社團。酪農們都是自行加入，幸運兒牧場的陳界全平時多半「潛水」，不太留言，以按讚居多，許慶良牧場的許東森、許登畯則比較主動跟奶粉們交流。鮮乳坊的使命，就是搭建生產者和消費者之間的橋梁，社團給了雙方更多直接互動的機會。

小編像保姆，用心經營大家庭

社團經營是否成功，小編扮演著關鍵的角色。

吳妮庭和前兩代小編劉容君、袁嘉翎，有個共通點，就是喜歡跟粉絲聊天。之前只有粉絲專頁時，主要是透過私訊聊。網路的世界不分晝夜，隨時都可能有私訊進來，因此她們的工作時間很長。像吳妮庭住桃園，每天早上七點半通勤時，在車上就開始回留言、回訊息，下班後仍繼續回，直到晚上十二點才「打烊」。

她們都是因為認同理念，而加入了鮮乳坊，因此對工作有份使命感。即使可以公事公辦，下了班就關機，她們仍選擇守在線上，繼續服務消費者，而且樂此不疲。

成立社團後，小編就像是這個大家庭的保姆，盡可能認識每個人，了解對方的背景，記住他過去貼文、留言的內容。小編必須先當大家在社團的第一個朋友，像個派對的主人，帶動良好的社交氛圍，當眾人彼此熟悉，開始呼朋引伴，就會在社團中找到歸屬感。

吳妮庭之後，又有兩位小編。第四代小編張庭瑄是龔建嘉的另一半，她

常跟著龔建嘉一起工作，提供很多牧場最新的動態，有時候分享她跟龔建嘉的生活點滴，奶粉們也很愛看。目前則是由第五代小編封華，接手鮮乳坊各種社群平台的管理。

每一代小編各有風格，或是幽默風趣，或是言詞犀利，或是平易近人，個性化小編的「人設」反而增添了互動的趣味。不論是哪一代的小編，都用了很多心思來跟奶粉互動。

為了提升粉絲們發文的意願，小編設計了各種遊戲。二〇二〇年起，鮮乳坊開始推出「牧場生日月」，粉絲專頁會以當月壽星牧場為主角，規劃一系列的貼文，社團也有配合的活動。第一檔「牧場生日月」的主角，是幸運兒牧場。當時小編就以競賽的方式，鼓勵奶粉以幸運兒鮮乳為主題貼文，根據內容有不同的計分標準，其中一項就是到合作店家路易莎咖啡，拍下鮮乳坊的小乳牛立牌，就可以獲得不錯的分數。

那個月粉絲們瘋狂貼文，整整貼了一千多篇，小編做最後的計分時，差點沒昏倒。拿到冠軍的奶粉，跑了七十多家路易莎門市，甚至還請朋友到路易莎的澎湖門市去拍。由於鮮乳坊並沒有配送離島，這是澎湖的消費者唯一能接觸幸運兒鮮乳的地方，這則貼文就更屬難得。

至於每個月的人氣評比，原本只根據發文、留言的次數來統計，而且臉書的社團管理後台就有這套機制，小編只要把數據抓出來即可。但是歷代小編們討論後，認為只以「量」做為評選標準，並不公平，發文、留言的「質」也要納入考慮。因此，小編必須看過每一篇貼文、每一則留言，投入更多的時間和心力，只為了能夠真正鼓勵到那些用心的奶粉們。

不論是粉絲專頁、社團，或是其他的社群平台，鮮乳坊都不只是在行銷商品，也希望能培養出一群有責任意識的消費者。曾經有奶粉對吳妮庭說：「鮮乳坊是我接觸過，把生產者和消費者之間串聯得最好的品牌。」她十分感動，因為這就是鮮乳坊所堅持的初衷，而消費者也確實感受到了。

Chapter ㉖

這瓶鮮乳，
讓我們人生有了交集

在板橋，有一家人氣早午餐名店「好初早餐」，採用嚴選食材製作餐點，店內經常是高朋滿座。在健檢中心擔任業務的柯宏毅是「好初」的常客。

某天，他發現店內提供了一款新品牌的鮮乳，叫作嘉明鮮乳，白色瓶身帶著文青風，喝起來也很清爽。這款牛奶來自一家叫作鮮乳坊的牛奶公司，「好初」的鮮奶茶也是用鮮乳坊的鮮乳製作。

柯宏毅開始對這家公司感到好奇，便上網查了相關資料。後來，他又遇到某個朋友，也是鮮乳坊的擁護者，曾經參加過第一次的群募。柯宏毅愈來愈了解鮮乳坊支持酪農、推動友善飼養的理念，他相信善待乳牛的牧場，生產出來的鮮乳不會太差。柯宏毅家裡的冰箱開始出現鮮乳坊的產品。當他知道，鮮乳坊有個臉書社團，毫不猶豫就參加了。

從此，他就有了一個身分，「奶粉」。

任職補教業的劉筱芸喜歡烘焙，對於烘焙會使用的各種原物料，包括了牛奶、奶油、巧克力、香草莢，她盡可能選用單一產區。早在鮮乳坊出現之前，她就會找一些市面上買得到的單一牧場鮮乳。當劉筱芸從臉書上得知，有位獸醫要集資成立鮮乳坊，建立單一牧場鮮乳的銷售平台，抱著嘗試的心情，參加回饋兩瓶鮮乳的贊助方案。

真正喝到鮮乳坊的鮮乳後，劉筱芸頗感驚豔。她持續訂購了幾次，由於宅配的物流費用不便宜，後來改從實體通路上購買。劉筱芸愛喝鮮乳，鮮乳的風味、口感，她的感受異常敏銳，連嘉明鮮乳在春夏、秋冬的「厚度」不同，都喝得出來，對於大廠牌的「混奶」更加難以接受。另一方面，她一向都是公平交易、友善飼養的支持者，鮮乳坊不論是品質或理念，都獲得劉筱芸的認同。

復健師周苓緣也是奶粉。愛喝鮮奶的她，是在逛超市時，偶然發現了架上的豐樂鮮乳，因為沒喝過，買回去嚐鮮，發現跟過去喝的大廠牌鮮乳很不一樣，一試成主顧，也心生好奇，想多了解鮮乳坊一點。

柯宏毅、劉筱芸、周苓緣一開始都是鮮乳坊的消費者，進一步成為奶粉，契機來自參加臉書社團。

臉書是企業與消費者溝通的平台之一。相較於只有小編才能貼文的粉絲專頁，消費者在社團更能暢所欲言。社團是一個虛擬的社交空間，一開始因為彼此不熟悉，大家多持觀望態度。因此，鮮乳坊小編挖空心思，設計出互動排行榜等機制，提供誘因，鼓勵粉絲發文、留言。

當有人提問，他都熱心回答，不但多次登上互動排行榜，在社團裡還有個「里長伯」的封號。

鮮乳坊不是購買容易的大廠品牌，「哪裡買」反而成了社團成員開啟互動的最佳話題。柯宏毅住板橋，他把在地的鮮乳坊實體通路摸得通透，每

也有粉絲會用鮮乳坊的鮮乳製作料理，再分享在社團裡，食物的照片總是能療癒人心。首開先例的是劉筱芸，她做的羅宋麵包、國王派、奶皇流沙包等美味點心，照片一貼上社團，經常能引起不少迴響。

同屬烘焙愛好者的周芩緣，在社團分享了她做的鮮乳吐司，大受好評。每次推出新品，周芩緣經常有料理貼文，也成了互動榜上的常客。鮮乳坊受到了鼓勵後，周芩緣就曾經用 A$_2\beta$ 酪蛋白鮮乳，製作出拉麵的湯底，不用花長時間熬煮豚骨，也能產生濃郁的風味。

周芩緣私下還喜歡塗塗寫寫，除了手繪鮮乳坊合作牧場的產品，她去北

海道旅行時，也用畫筆記錄當地各款鮮奶的外包裝。多才多藝的她，在社團分享的內容也多采多姿。

粉絲們樂於分享，也踴躍回應他人分享的內容，社團的互動愈來愈熱絡，從網路上發展到現實生活中。他們在 Line 上成立群組，當有人在某通路上發現鮮乳坊的即期品，就會發出訊息，附近的人就會過去認購。像大瓶裝的嘉明鮮乳、幸運兒鮮乳，平時以業務用乳為主，一般通路上買不到，粉絲之間也會發起團購，跟特定的店家訂貨，藉著交貨，又可以聚餐聊天。

「奶粉」們基本上對美食都很感興趣，光是食物的話題就可以聊得很起勁，如果彼此又有其他興趣的交集，友誼就會愈結愈深，像周苓緣就在奶粉中找到了知心好友。

從「網路」到產地，更了解鮮奶怎麼來

二〇二〇年十二月二十日，鮮乳坊舉辦了一場粉絲參觀牧場的活動，地點是幸運兒牧場。

鮮乳坊合作的牧場，都是以生產為主的牧場，而非接待遊客的觀光牧場。這是酪農每天工作的地方，也是幾百隻乳牛生活的空間。乳牛很容易受到驚動，任何打擾都可以造成牠們緊張，影響泌乳狀況。因此，鮮乳坊過去不曾安排粉絲參觀牧場。

這是小編吳妮庭提出的想法。她在公司內部的讀書會中，讀到了《食鮮限時批》。這是一本關於日本民間推動食農教育的書，書中描述了「做的人」與「吃的人」之間真實的人際互動，帶給她不少啟發。她相信「眼見為憑」，消費者真正身處產地，更能體會鮮乳坊所堅持的理念。

經過內部的評估，鮮乳坊特別規劃了這次的相見歡，只有五個名額，選自社團中最活躍的粉絲，因為機會難得，真的可以說是「幸運兒」。

柯宏毅、劉筱芸、周苓緣都參與了這趟牧場參訪。他們自費搭高鐵南下，然後跟鮮乳坊的工作人員，一起乘坐遊覽車前往幸運兒牧場。除了陳界全一家人，隔壁許慶良牧場的許東森、許登畯兄弟也過來作陪。

他們參觀了牧場的設備，了解酪農的工作內容，還看了乳牛吃的草料。他們在陳界全家的客廳裡泡茶聊天，還吃了女主人吳碧莉做的薑母鴨。

周苓緣之前只去過觀光牧場，這是她第一次走進酪農的生活。幸運兒牧場

眼見為憑，消費者實際拜訪產地，更能體會鮮乳坊
所堅持的理念，並不是行銷宣傳用的文案而已。

寬敞又通風，沒有她想像中濃濃的牛糞味。牧場的空間規劃得井然有序，小牛、女牛、孕女牛、泌乳牛分區飼養，酪農可以根據乳牛不同階段的營養需求，量身調配草料。參觀過程中，龔建嘉隨時補充說明，周苓緣才知道養牛有這麼多學問，像是乳牛對於「改變」很敏感，草料如果每天長短不一，牠們就沒胃口，所以需要使用攪拌器，維持每日草料「口感」一致。

柯宏毅是位用功的參訪者，行前他特地做了功課，找到了一段陳界全參加同學會的影片。他很好奇，這位電機背景出身的男主人，當初是抱著什麼樣的決心返鄉養牛，便當面提出了這個問題。陳界全還沒回答，眼眶先泛紅，這畫面給了柯宏毅很深的印象。

「奶粉」們對幸運兒牧場的故事，都不陌生。陳界全原本跟弟弟一起經營牧場，協議分家後，他另外蓋了新的牧場，先讓牛隻住進舒適的牛舍，他和家人則暫時擠在加蓋的鐵皮屋，有餘裕才著手蓋自己的新家。

「當酪農把牛看得比自己還重要，產出的牛奶，品質當然讓人放心，」劉筱芸有感而發。遍嚐各家鮮奶的她，在幸運兒牧場，生平第一次喝到了生乳，才認識鮮乳最原始的味道。

劉筱芸當初獲知自己得到了參觀牧場的機會，相當受寵若驚，不巧的是

當天已安排了其他的活動，於是她想辦法調整行程，順利成行。這趟牧場之旅，讓她看到了鮮乳坊所訴求的理念，並不是寫在包裝上的行銷文案，而是真正落實在牧場中，協助酪農為消費者生產出優質的鮮奶。

幸運兒牧場被選為第一個奶粉參觀的牧場，其實是有原因的。陳界全雖然木訥寡言，平時在社團內也是「潛水」為主，其實他很認真看過每個人的發言，而且都記在心上，對於奶粉的綽號如數家珍，像他看到柯宏毅，就直呼：「你不就是那位『板橋反町隆史』。」女主人吳碧莉則是熱情的女主人，很能帶動氣氛，這場交流活動在賓主盡歡中落幕。

奶粉們也很珍惜這樣的緣分，像柯宏毅的岳父是雲林人，他送岳父返鄉過年時，還會特別到幸運兒牧場、許慶良牧場送禮，跟酪農變成了朋友。

成為「有責任感」的消費者

鮮乳坊的鮮乳，除了鮮乳本身，也傳遞理念、訴說故事，為這群奶粉們帶來不同的生命養分。

劉筱芸曾經參與了鮮乳坊第一次群眾集資。集資結束後，鮮乳坊仍持續

來信，詢問贊助者的意見。她可以感受到鮮乳坊的理念，不是說說而已，而是真正用心去落實。鮮乳坊為劉筱芸打開了一扇門，讓她可以更深入了解整個產業，資訊透明的程度，是其他乳品公司少見的，也是鮮乳坊讓人安心的關鍵。

鮮乳坊讓消費者知道，自己所喝的鮮乳從何而來，進而喚醒消費者的責任意識，深獲柯宏毅的認同。他認為，不少消費者習慣於廉價牛奶，並沒有想到，自己有一天可能要為食安問題付出代價。柯宏毅很欣賞龔建嘉有勇氣站出來改變產業，而且堅持至今，不改初衷。

柯宏毅曾經聽龔建嘉說過：「人的一輩子，一定會有一件只有你能做的事。」他對這句話很有共鳴。柯宏毅原本是職業軍人，專長是電子電機，但是他一直想從事幫助他人的工作，才轉戰健康產業。每當夜闌人靜，他會捫心自問，是否還記得初衷。龔建嘉和整個鮮乳坊團隊始終沒有忘記初衷，帶給他很大的啟發。

周芩緣接觸了鮮乳坊之後，愈來愈重視食物的來源，進一步關心產業永續的議題。她願意盡一己之力，向周遭的人推廣鮮乳坊的理念，這麼做是為了自己吃得更安心，而且也為了讓世界變得更好。

Part

7

鮮乳坊共好學 **5** 與產業共好

不斷進化，永遠可以更好

龔建嘉以數位思維，
看待台灣乳品業的未來，
相信產業可以不斷進化，
愈變愈好。

不論是從牧場落實動物福利、
培育大動物獸醫人才、
或是向消費者推廣食農教育、
責任消費，
甚至是提倡莊園鮮乳，
提升牛奶的價值，
鮮乳坊希望透過推動產業升級，
達到產業永續的目標。

Chapter (27)

從產銷平衡，到責任消費

曾經在 Netflix 上架的德國紀錄片「鮮乳哪裡來」（The Milk System），透過了酪農、科學家、產業人士等不同角度，細數全球乳品產業的變遷。

牛隻漫步於碧波草原的放牧場景，愈來愈少見，密集飼養是主流的養牛方式。乳品公司做為酪農和消費者的中介者，是整個乳品產業的操盤手，為了在市場上取得價格戰的優勢，他們壓低向酪農收購生乳的價錢，酪農收入不敷成本，只好靠著政府補助，咬牙維持自家牧場。

在全球化的浪潮下，乳品公司為了擴大國際市場，以「餵飽全世界」為訴求，要求酪農生產更多牛奶，以利於用低價傾銷到其他國家。

在這部紀錄片的呈現中，歐盟乳品公司在海外攻城掠地，可以累積更多資本、壯大規模，是龐大「牛奶系統」中，最大的贏家，然而，出口國家的酪農卻必須承受大量生產、低價收購的壓力，至於進口的國家，在地酪

農則陷入了乳價崩盤、無法經營下去的困境。

身為台灣牛奶產業的一員，龔建嘉看完這部紀錄片，心中不免感觸良多。

二〇一三年，台灣跟紐西蘭簽署了「台紐經濟合作協定（ANZTEC）」，將紐國乳製品進口列關稅配額，十二年實施期滿後取消配額，全面降為零關稅。生產成本比台灣低四〇至五〇％的進口鮮乳，一旦沒有了關稅的限制，就可以挾低價優勢，大舉進軍台灣市場，重創本土的酪農產業。

龔建嘉表示，類似的事情不是沒有發生過。台灣加入WTO之後，曾有一段很長的時間，乳品市場以進口奶粉為主，造成台灣生乳過剩，許多乳品廠在生乳產量較多的季節，片面減少收購量，導致酪農只能將賣不掉的生乳廢棄倒掉而損失慘重。後來是因為中國發生三聚氰胺毒奶事件，乳品廠不再使用中國奶粉，台灣的酪農產業才又有機會復甦。

過去，台灣的鮮乳自給率最高時超過九成，乳品產業不但養活了許多酪農家庭，在地生產主打新鮮的短效期鮮乳，可以保留最多的營養，供應給全台灣所有的家庭。許多非農業國家就沒有這麼幸運，只能選擇進口的奶粉和保久乳，不但營養和風味都比鮮乳遜色，一旦遇上全球運輸危機，供應鏈大亂，還有斷「奶」的風險。

關稅解禁的時間，就在二〇二五年。

全台約有五百戶酪農，面對低價進口鮮乳壓境，如果沒有殺出一條血路，龔建嘉預估，會有三、四成的酪農戶消失，牧場關閉，乳牛遭到撲殺，酪農失業，未來消費者要喝到台灣本地生產的鮮奶，將變得愈來愈困難。

台灣酪農產業的生存危機，已開始倒數計時。

改變傾斜的產銷制度

在台灣，如同「鮮乳哪裡來」所描述，也是由大型乳品公司掌控了產銷機制，酪農為了生存，只能配合各種不平等的交易條件，無法為自己權益發聲。

身為牧場獸醫，龔建嘉懷抱著使命感，深入牛奶產業。透過鮮乳坊，他搭建酪農和消費者之間的橋梁，並向各界取經，試圖為傾斜的產銷制，找到平衡。

主婦聯盟是鮮乳坊創立初期，就展開合作的夥伴。不同於一般通路，主婦聯盟是以「消費合作社」的概念來經營，集結一群想購買相同品質、價

值產品的消費者，累積一定的消費力量後，和生產者溝通協調，達成穩定的生產模式。

消費合作社會員除了長期穩定向農民訂購產品，甚至還會一起參與或了解產地生產，消費者和生產者之間建立信任，消費者成為生產者的後盾，生產者因此能全力投入，生產出符合消費者品質、價值要求的產品。

龔建嘉在《食鮮限時批》一書中，也讀到了類似的概念。作者高橋博之是食農雜誌《東北食通信》創辦人，他透過刊物、社群平台，倡議「社群支持型農業（Community Supported Agriculture, CSA）」，隨著消費者和生產者相互連結、合作，農民則可以全年度穩定生產，消費者則可以安心購買，因為是計畫性生產，更能夠友善土地、保護環境。

尤其，台灣有許多專業酪農區，已經發展成熟，是在地非常重要的特色產業，像是彰化福寶因為靠海，在一年四季海風的吹拂下，土地鹽化嚴重，導致該地區種植收成不佳，遠低於其他的農業種植區域。在酪農產業的發展之下，將不適合種植的土地改為畜牧，強勁的海風還能降溫，使乳牛舒適，牛糞發酵後成為最好的肥料，能讓土壤增加地力，成為農牧循環最佳的典範。

二〇一八年，在中華民國乳業協會的安排下，龔建嘉進行了一趟以色列酪農業的考察之旅。

這個國家有將近一半的土地是沙漠氣候，每年降雨量低於二百毫米，在炎熱缺水的環境下，卻成為全球乳牛飼養平均乳量最高的國家。龔建嘉親訪當地的牧場，發現畜舍設計、硬體設備雖有獨到之處，以強大的資訊整合，帶動計畫性生產，才是以色列酪農業致勝的關鍵。

考察行程中有一站是「以色列牛群育種協會（Israel cattle breeders association, ICBA）」，由酪農組成，提供所有酪農專業技術諮詢及各項協助，所建構的NOA資訊平台，彙整了乳牛群基本資料管理、泌乳牛群產乳量及乳質紀錄、年度配額計畫、分群餵飼管理、基因選拔及配種計畫等各種資訊，幾乎所以色列乳牛場都使用這套介面。

以色列有著艱困的建國背景，全民皆有共識，唯有合作才強大。因此，政府單位、農民組織、研發設備廠商、相關協會等，都願意開放完整資訊，以利於政府的農業政策擬定、農民的計畫性生產評估，甚至是動物育種方向，形成產業前進的動能。

累積從主婦聯盟、《食鮮限時批》、以色列考察之旅所獲得的啟發，龔建

嘉相信，必須透過生產者、通路、消費者三方串聯、合作，在計畫性生產下，促成產銷平衡，才能加速產業的升級，因應進口鮮乳的衝擊。

鼓勵訂閱，促成產銷平衡

長期以來，冬季剩餘奶一直是酪農心中之痛。

台灣牧場目前飼養的乳牛，主要是溫帶品種的黑白花荷氏登牛，牠們夏季胃口較差，乳產量少，冬季氣溫舒適，吃得多，乳產量也高，然而，市場需求卻正好相反，鮮乳是冷藏品，消費者在冬季飲用量大幅減少，導致季節性的產銷失衡。乳品公司一貫的做法，就是在冬季以較低的價格收購，酪農不是將剩餘乳賤價出售，就是倒掉。而且，乳品公司在冬季雖然以較低的價格收購生乳，卻沒有反應在市售價格上，對酪農和消費者都不公平。

鮮乳坊是以照顧酪農為出發點，以「保價保量」為原則收購生乳，為了因應冬季生產過剩的問題，鮮乳坊便事先布局，尋求通路的合作，像跟鮮乳坊配合的手搖飲通路大苑子，選擇在冬季主打牛奶相關商品，而連鎖咖

啡品牌路易莎，也會在牛奶盛產時，推出「小農日」的升級活動，緩解牛奶季節性的供需差距。

另外，鮮乳坊也參與合作牧場的第一線管理，透過調整乳牛的配種時間、營養均衡、降溫設備等方式，逐漸提高夏季的生乳產量，最早跟鮮乳坊展開合作的豐樂牧場，夏季產量就已經成功追上冬季產量，更能符合市場的需求。

不論是通路的冬季促銷，或是牧場夏季產量提升，都是透過「計畫」來達到產銷平衡。龔建嘉認為，計畫性生產可以讓酪農穩定經營，進而帶動產業的永續發展。

消費者的支持，也是促成產銷平衡不可或缺的一環。

鮮乳坊靠著群眾集資崛起，背後展現的正是消費者的力量。當初的集資回饋方案，便是鼓勵消費者以訂閱的方式支持酪農。鮮乳坊的訂閱制推廣至今，累積人次約四、五萬人次，目前維持約兩千名上下的會員數。

透過訂閱制，生產端可以預測與掌握需求量，降低供乳不足或過度的問題。由於鮮乳坊是採取宅配的方式，將牛奶送到訂戶手上，除了會附加物流費用，訂戶如果白天不在家，或是居住的大樓管理室沒有冰箱，無法保

存牛奶，消費者收貨不方便，也會影響訂閱的意願。

因此，龔建嘉便向合作愉快的全家便利商店提議發展訂閱制，未來平台技術成熟後，訂戶可以直接到超商取貨，物流成本也能降低。當會員數量達到一定的規模經濟時，就能夠落實「社群支持型農業」，生產者不必擔心供過於求，消費者則開始有更多主導權，甚至可以根據消費者的期待，從事計畫生產，滿足多樣的需求。

為了促成產銷平衡，鮮乳坊必須爭取酪農的合作，在飼養、配種上做出調整，由於龔建嘉和酪農們已建立深厚互信，加上鮮乳坊的牧場團隊的專業實力，酪農們樂意配合，讓冬夏兩季的鮮乳產量可以平衡。

一件只有消費者能做的事

至於通路、消費者，鮮乳坊則必須投入更長的時間，來建立「責任消費」的共識。

《一座小行星的新飲食方式》（Hope's Edge）作者安娜‧拉佩（Anna Lappe）說過：「你的每一次消費，都在為你想要的世界投票。」消費不只

是滿足個人的需求，也是價值的展現，每一個購買行為都對生產者傳遞訊息，進而影響這個世界。

責任消費的立意雖佳，因為是比較新的觀念，還未能形成消費者的共識。龔建嘉不諱言，不論是通路的採購人員，或是一般消費大眾，在「購買」這件事上，多半還是考慮價格、ＣＰ值，很少人會去想到背後的社會責任。

他舉例，當季什麼商品熱賣，通路的採購量就大，市場需求少的商品，就會減少進貨，降低庫存。為了改變他們的做法，鮮乳坊就帶通路負責人去參觀牧場，了解產業的實況，讓他們體認採購對於穩定產業發展的責任，在反覆的溝通下，願意幫助解決冬季剩餘奶的問題。

至於跟廣大消費者建立責任消費的共識，更是長期的工程。龔建嘉透過演講、接受採訪、在雜誌上撰寫專欄等方式，喚起消費者的力量，讓購買的每一瓶鮮奶，都化為支持在地酪農的鐵票。

平衡的產銷機制，是守護產業的第一道城牆，二〇二五年後，面對低價進口乳來勢洶洶，台灣酪農還有什麼競爭優勢？

龔建嘉的答案是──品質。

Chapter ㉘

莊園級鮮乳，廚神也叫好

這一天，龔建嘉來到高鐵雲林站，迎接由郭哲佑陪同南下的主廚江振誠。

他是台灣餐飲界的傳奇人物，獲獎不斷，所領導的 RAW，是台北知名的米其林二星餐廳。江振誠平時除了投入餐飲營運，對於打造品牌也有一套。他曾跟媒體合作「大師工作坊」，郭哲佑是學員，兩人因而結緣，江振誠便在鮮乳坊的邀請下，來到雲林拜訪許慶良牧場。

在龔建嘉的導覽下，江振誠參觀了乳牛的飼料調配廚房。他專心聆聽龔建嘉的解說，拿出手機拍照記錄，並跟許慶良一家人進行交流。這位對食材相當講究的米其林主廚，對於在地酪農致力生產高品質鮮乳，給予很好的評價。

之前也曾經有北海道的牧場主人來雲林參觀，很驚訝台灣竟然有這樣等級的牧場和牛奶，乳脂肪和乳蛋白質的品質，甚至超過了北海道的水準。

來自第三方專業人士的肯定，給了龔建嘉很大的鼓舞，同時也觸發他去思考，連廚神也叫好的高品質鮮乳，該如何推廣出去？

過去乳品大廠常用「濃、醇、香」做為鮮乳品質的指標，鮮乳坊崛起後，帶動「小農鮮乳」的風潮，市面上出現了各種「小農」品牌，卻讓龔建嘉感到憂心，因為牧場規模大小並不是關鍵，重要的是能否做好飼養管理，並進行品質的把關。因此，鮮乳坊創立一年後，就不再強調「小農」，改為訴求「好農」。

「不過，我們稱自己為『好農』，必須拿出證據，才不會口說無憑，」龔建嘉指出，為了彰顯鮮乳坊產品的價值，他鑄造了一個新名詞：「莊園鮮乳」。

創新概念，提高乳品價值

鮮乳坊「莊園鮮乳」的靈感，主要來自於「精品咖啡」。

龔建嘉解釋，市售咖啡一般分為商業咖啡、精品咖啡，後者又可以再細分出不同類別：單品咖啡（強調單一產區，包括國家、產地、莊園）、莊園

咖啡（強調單一咖啡莊園）、微批次（micro lot，強調單一莊園分區塊批量批次生產，或是單一農民）。

用類似的概念來看市售的鮮乳，大致上也可以分為一般的混合來源鮮乳、品質更好的莊園鮮奶，後者可以再區分為：單一牧場鮮奶（牧場來源透明，可追溯）、微批次鮮奶（單一牧場分區塊批量批次生產，如 A₂β 鮮乳）。

精品咖啡必須符合質化、量化的條件，前者是可溯源，生產履歷愈清楚，品質愈有保障，後者則是杯測分數，有香氣、風味、餘韻、口感等十二項指標。

莊園鮮奶援用了相同的條件，不過量化條件增加了營養與衛生的檢驗數值，訂定「莊園鮮乳品質標準」、可透明追溯來源的「鮮。乳源」、透過杯測，建立「牛乳風味品評」等，做為莊園鮮奶的立論基礎。

「鮮。乳源」類似牧場白皮書，有鑑於現在許多新產品都掛上「小農」的包裝，但若來源不清，反而對消費者沒有保障，因此把牧場基本資料標示清楚，包括牧場登記與農民介紹，不但可以讓生產者被看見，也能透過資訊的透明化，建立起消費者的信任。

龔建嘉的創新之處，是他想參考咖啡的杯測，建立牛奶風味品評系統。

鮮奶畢竟不同於咖啡，無法將咖啡杯測的做法直接套用，因此，從品奶流程、計分項目的設計，到風味的描述方式，都必須建立全新的規則，是發展莊園鮮奶最具挑戰的一環。

就像是建築師畫出了藍圖，還需要承包商一磚一瓦來完工，龔建嘉拋出莊園鮮奶的發想，大量的資料和細節，則是由專案負責人張庭瑄彙整成形。

張庭瑄是龔建嘉的另一半，她平時跟龔建嘉住在雲林，跟酪農互動頻繁，鮮乳坊粉絲專頁的牧場動態，就出自她手，幾年下來，已累積許多第一手牧場紀錄。為了製作每本牧場的「鮮。乳源」，張庭瑄投入更多時間跟酪農訪談，細心蒐集牧場相關素材，包括平時缺乏能見度的駐場獸醫、現場人員等，都是書中內容一部分。

舉例來說，在豐樂牧場的版本中，就特別寫了一位在搾乳室工作多年的新移民夥伴，「這是『二嫂』（牧場負責人黃常禎的太太）建議我寫的，因為他們認為她是牧場重要的夥伴，值得出現在白皮書中，讓我十分感動，」張庭瑄透露。

「鮮。乳源」還有過去累積的紀錄為基礎，相形之下，必須從無到有打造

「牛乳風味品評」，則是張庭瑄另一個更難的挑戰。

牛奶，不只是牛奶

咖啡和牛奶關係密切，兩者的本質卻大不相同。喝咖啡，為了提神，後來衍生出享受風味的目的；喝牛奶則是以攝取營養為主，對於風味鮮少著墨。另一方面，咖啡杯測的概念首見於一九三二年，最初風味的描述也很簡陋，經過多年的發展，才建立出一套咖啡的詞彙，並在一九九五年訂定出標準化的杯測程序，鮮乳坊要在短時間打造一套牛奶風味品評系統，怎麼看都是無比艱鉅的工程。

不過，鮮乳坊的一貫策略就是「先做了再說！」，先建立「風味品評1.0版本」，之後再繼續優化，讓整個系統更加完善。

在雲林鄉間賣單品咖啡的芒果咖啡負責人廖思為夫婦和店長林昌潔，是資深的杯測師，鮮乳坊借重他們「品咖啡」的能力來「品鮮奶」。二○二一年七月到九月，張庭瑄每個星期都會到芒果咖啡，跟廖思為夫婦進行「品奶」，並安排他們參訪牧場，嘗試畫出牛奶的「風味輪」，從花香、果香、

草本、穀物等八大範圍中，再分出約三十種的風味，並完成牛奶標準品評流程、以及品評紀錄表（消費者和專業人士兩種版本）。

之後，鮮乳坊除了邀請荷蘭品奶師 Bas de Groot，跟芒果咖啡進行視訊交流，還找了團隊中有品評能力的夥伴累積品評紀錄，並透過電子鼻技術，從事風味的科學分析。經過大量的資料整理後，鮮乳坊找出旗下六支鮮奶的「風味落點」，未來可能在包裝上以「雷達圖」呈現，做為消費者、業務通路的基礎搭配指引。

當每支鮮奶因為風味的差異，有了自己的「個性」，搭配不同烘焙程度的咖啡豆、茶種、水果，可以發展出多樣化的風味組合。當鮮奶不再只是補充營養的飲品，而是像咖啡一樣，可以玩味、鑑賞，「品牛奶」就有機會成為一門顯學。

「一開始還真像大海撈針，不知道從何著手，只能邊做邊調整，」張庭瑄坦承：「但是隨著資源陸續湧入，整個專案也逐漸成形。」

鮮乳坊提倡莊園鮮乳，可以說是獨步全球。龔建嘉認為，台灣牧場規模較小，多半是家庭式經營，每個牧場各自有養牛的方式，所產出的牛奶，風味也有差異，「小而美」的經營模式，反而成了發展莊園鮮乳的沃土，百

花齊放下，通路、消費者都可以有更多的選擇。

龔建嘉期待，當消費者逐漸習慣高品質的莊園鮮乳，台灣的牛奶面對低價進口奶，仍然會有競爭力，消費者甚至還能以訂閱的方式，支持最對味的鮮奶品牌，實踐「社群支持農業」。

不論是葡萄酒、咖啡、紅茶、巧克力，「莊園級」除了是高品質的象徵，背後也傳遞了產區風土、歷史、文化等意涵，創造了附加價值，農民對自家的產品也能引以為傲。

透過莊園鮮乳的推廣，鮮乳坊要向世界證明，台灣的牛奶值得驕傲。

Chapter 29

善待乳牛，就是守護人類

七月天，日頭赤炎炎，高溫逼近四十度。乳牛怕熱，酷熱的夏天，正是一年之中，食慾最差，精神不振，受孕率、泌乳量降低，而且也最容易生病的季節。

把牛照顧好，是牧場最重要的工作。酪農除了透過風扇、噴灑水霧、裝設隔熱屋頂等降溫系統，減輕乳牛受熱緊迫的威脅，並調整飼料配方，在採食量較少的情況下，也能維持正常的營養量。

有些牧場為了落實乳牛的健康管理，甚至不惜砸下重金，在每隻牛耳上安裝體感裝置，就像是為牛戴上運動手環，即時監測乳牛各種生理訊息，不會發生過去乳牛病倒了才被發現的狀況。

龔建嘉是牧場獸醫，他進入牛舍，踩著牛糞，了解每隻乳牛的健康狀況，酪農是否用心照顧牛隻，他比任何人都還要清楚。乳牛獲得妥善的對

待，健康狀況良好，會回饋在泌乳的質和量上，酪農也會因此受惠。

在牧場日常中，落實動物福利

就讀獸醫系時，龔建嘉曾經接觸過「One Health（健康一體）」這個概念，人類健康、動物健康、環境健康，三者互相依存。從畜牧業的角度來看，飼養的過程中，如果沒有善待動物，動物疾病叢生，就會產生食安問題，影響人類的健康，甚至危害整個產業。

特別是在 Covid-19 肆虐全球的時代，病毒可能跨物種傳染的說法，更凸顯了「One Health」的重要性。

鮮乳坊在成立之初，就以「建立讓動物健康、農民驕傲、消費者信賴的健全食農生態」為使命，把「動物福利」做為品牌和產品訴求，喚起消費者的重視，進而成為整個產業的共識。

動物福利是個大題目，從伴侶動物、畜牧動物，到野生動物，動物福利的定義和規範都不同，即使同樣談畜牧動物，每個國家的環境不一，飼養方式、農場設施等都有差異，無法一概而論。

為了避免失焦，鮮乳坊對於動物福利的訴求，範圍設定為畜牧動物，特別是乳牛相關的動物福利，並強調要從動物行為去判斷，建立科學化的論述，才能真正落實在牧場的日常運作中。

因為有獸醫這個身分，龔建嘉在找合作牧場時，特別把酪農照顧乳牛的方式，納入考量。他觀察，有些牧場為了將獲利最大化，就會節省照顧乳牛所需耗費的成本，飼料便宜一點，牧場設備簡陋一點，即使產量高，也不是他想合作的對象。鮮乳坊合作的牧場，酪農會把最多的資源放在乳牛

乳牛不是生產「工具」，照顧好牠們的「勞動權益」，才是正道。

身上，用心養牛，牛的泌乳量高，而且牛也可以活得比較久，從經濟效益看，才是最好的投資。

除了尋找珍惜乳牛的牧場做為合作夥伴，鮮乳坊也參考「英國皇家防止虐待動物協會（Royal Society for the Prevention of Cruelty to Animals，簡稱RSCPA）」、「國家乳牛場（National Dairy FARM）」（美國）等知名國外動物保護組織的動物福利政策，以本土環境為背景，從採食、飲水、健康、醫療、環境管理等面向，建立了鮮乳坊的動物福利指標。

鮮乳坊合作的牧場原本對牛隻的照顧，就十分用心，建立動物福利指標，只是將規範更系統化。為了鼓勵酪農更積極投入動物福利，讓乳牛過得更舒適，鮮乳坊承諾將公司獲利的一○％分給酪農做為牧場優化之用，其中就包括了動物福利。

二○二○年起，鮮乳坊正式將動物福利指標，納入跟酪農的合約之中。為了推廣「莊園鮮乳」，也會將動物福利指標列入各家牧場的牧場白皮書中，開創了企業和酪農合作落實動物福利的先例。

不同於狗貓等伴侶動物，乳牛是畜牧動物，酪農養牛是為了生計，因此，關懷乳牛的動物福利，必須在悲天憫人的情懷，和產業現場的實務之

間，找到平衡。鮮乳坊積極扮演產業和動保界溝通的橋梁，過去曾邀請動保團體、動保相關學者到牧場參觀，促進交流。

正因為鮮乳坊對動物福利的重視，農委會在制定「牛乳友善生產系統定義與指南」時，便邀請龔建嘉擔任專家會議的成員，從獸醫及乳品公司經營者的角度貢獻意見，讓台灣推動乳牛動物福利，跨出第一步。

照顧好牛，才能照顧好消費者

過去乳品公司很少談動物福利，消費者也不太感受動物福利跟自己的相關性。事實上，乳牛如果沒有獲得良好的照顧，就容易生病，用藥之後，所生產的牛奶就可能有藥品殘留，帶來食安的風險。善待乳牛，提供最好的照顧，其實就是在保障消費者。

除了透過專業人員所提出之相關標準，目前鮮乳坊的合作牧場也已有申請通過動保團體「台灣動物社會研究會」（以下簡稱「動社」）所提出之「動物福利標章」，該會長年關注犬貓以外的動物福利，這幾年與家樂福推動動物福利雞蛋獲得許多支持，也積極倡議乳牛的動物福利，數年前龔

建嘉就與該團隊分享過乳牛動物福利標準的國際研究，並交流鮮乳坊對於台灣牧場的動物福利的標準。在二〇二一年，動社發布乳牛隻動物福利標章，鮮乳坊也在第一時間率先申請，讓動物福利可以用更多不同的面向與視角被落實。

鮮乳坊支持動物福利，合作牧場的飼養方式，自然也會受到更嚴格的檢驗。「這條路不好走，卻是必須要走的一條路，」龔建嘉強調。

有位在英國皇家獸醫學院（Royal Veterinary College）念書，致力於成為動保獸醫的台灣女生，曾經來鮮乳坊的合作牧場參觀後，寫了洋洋灑灑的長信給龔建嘉。她認為，在台灣的環境下，鮮乳坊在動物福利各面向的整合，甚至做得比一些英國的牧場還好。由於英國在動物福利領域的發展相對成熟，獲得這樣的肯定，龔建嘉頗感欣慰。

龔建嘉曾經是「除役犬認養」的推手，不畏困難，也要爭取除役軍犬的權益。如今，他要以相同的堅持，讓動物福利在台灣的農業扎根，將動物健康、農民驕傲、消費者信賴，串聯成善的循環。

Chapter (30)

牧場實習，
培育新生代大動物獸醫

牧場一角，一張鐵製檯子成了臨時的解剖台。兩名獸醫系學生站在一旁，目光集中在龔建嘉操刀的動作上。他正在進行乳牛子宮的解剖。學生可以近距離了解乳牛子宮、卵巢的型態，甚至還能練習手指觸摸濾泡黃體的觸感。

「在牧場，手術的機會並不多，他們的運氣相當不錯，」龔建嘉透露。

鮮乳坊成立之後，每年寒暑假都會提供實習名額，讓獸醫系或畜牧相關科系的學生，有機會進駐牧場，時間短則數週，長則一、兩個月，希望透過牧場實務的參與、體驗，提升成為大動物獸醫的意願，解決產業人才不足的困境。

台灣設有獸醫的大學，主要有台大、中興、嘉大、屏科大（近年還有亞洲大學新設立了學士後獸醫系），錄取的分數門檻都不低，考得上的學生，

多半是教育資源較豐沛的都市孩子。由於缺乏農村生活的經驗，對於投入農業、畜牧業也較不感興趣，多數獸醫系的學生都以狗貓獸醫為職業首選，學校也把較多的教育資源，放在小動物獸醫的課程上，而且全台狗貓獸醫院林立，學生很容易找到實習機會。

相形之下，大動物相關的學習資源少，加上養牛成本很高，為了避免造成損失，一般牧場不太輕易開放給獸醫系學生實習。而且台灣獸醫師執照考試，只有筆試，不考實作，即使拿到了獸醫執照，也不代表有能力進入牧場工作，因此，全台五百多個牧場，大動物獸醫大概只有二、三十人左右，平均一位獸醫要照顧近六千隻牛，是日本的六倍。

大動物獸醫養成不易，龔建嘉也是在就讀研究所時，向前輩蕭火城老師毛遂自薦，在對方的帶領下，得以進入眾多牧場觀摩學習，才累積出牧場實戰的技術與能力。龔建嘉很清楚，即使酪農再用心養牛，牛隻相關的醫療、健康管理，仍須仰賴獸醫的專業。乳牛要健康，產業要升級，獸醫也是生產前線上不可或缺的角色。

龔建嘉以鮮乳坊為媒合平台，讓有心的獸醫系學生可以進入牧場，參與準備飼料、餵小牛、搾乳、清理環境等日常工作，正牌獸醫來巡場時，

就跟著練習直腸觸診、學習聽診、打針、給藥，運氣好的話，還可以親眼看到手術，對於牧場的實際運作，大動物獸醫的工作內容，建立基礎的認識，做為日後職涯選擇的參考。

龔建嘉的目標很明確，就是要培養台灣大動物獸醫人才。鮮乳坊獸醫實習計畫，除了由鮮乳坊提供實習津貼與相關費用之外，在前面兩年也獲得永齡基金會共同支持。

一開始是由龔建嘉獨立推動實習計畫，二○一八年後，他的另一半張庭瑄，辭掉了藥師的工作，加入鮮乳坊，負責實習計畫的專案管理，從實習生行前的心理建設，到實習過程中的關懷，對於實習生適應牧場生活，帶來不少幫助。

栽培新血，為產業永續鋪路

「醫師們認真的身影，著實使我內心澎湃不已，因為我了解，這就是自己未來想從事的工作。」

「為了趕牛，不慎掉入陳年糞坑，瞬間膝蓋以下，完全陷在牛糞中，那味

道及感受，至今仍歷歷在目，想必會是今生難忘的經驗。」

「雖然課堂上有耳聞，牛開刀是站著開的，實際上看到，還是覺得很神奇，獸醫師那忙碌的身影，看著看著，還是覺得挺帥的。」

「乳牛獸醫師責任重大，不只是檢查、治療牛的健康，還要透過營養學、統計學監控牛隻狀況，誰說獸醫一定要走小動物？未來的道路多了一個選擇。」

「看到獸醫跟牧場老闆聊天的樣子，那種深厚的情誼，讓我著迷，我很喜歡這種生活。」

……

牧場實習結束後，學生們都會寫下心得，分享他們在這段時間的成長和收穫，張庭瑄再加以整理。

學生進牧場實習，原則上就是跟著酪農一起工作，一起生活。飲食、衛生、住宿、便利性，牧場生活的舒適度不比都市，考驗著學生們適應彈性。而且，牧場不是教室，酪農也不是老師，學生們必須自動自發，從做中學，用心感受，這趟學習之旅，才能滿載而歸。

歷年來，除了有幾位適應不良，大部分的實習生都能融入牧場生活，增

進對大動物獸醫工作的認識，並且跟酪農建立良好的互動。龔建嘉舉例，有一位在幸運兒牧場實習的學生，不但和酪農相處如家人，甚至在短短一個月內，就學會幫乳牛配種，有些牧場的第二代，花了兩、三年還不見得學得會。

讓龔建嘉印象深刻的，還有一位來自台大的「學霸」。這名實習生不但會念書，也積極參與公共事務。他在鮮乳坊的安排下，進入彰化一家牧場實習。由於牧場沒有辦法提供住宿，酪農還動用私人關係，讓他住在村長家。

這名學生看過一點國外養牛的書，來到牧場後，儼然把自己當成了指導員，對酪農的養牛方式提出各種意見。而且，他對於寄宿村長家中，似乎也覺得理所當然，不但未表感激，甚至還有抱怨。酪農實在受不了學生傲慢的態度，就狠狠把對方罵了一頓，表明不希望他留在牧場。

可貴的是，這名學生有很高的自省能力。挨罵之後，他並沒有打退堂鼓，而是調整心態，虛心學習，逐漸理解每個國家風土條件不同，養牛方式自然也有差異。這位學生在實習心得中寫道，這段牧場實習經驗，幫助他看清楚自己的問題，他很感激酪農的當頭棒喝。

這名實習生後來跟酪農變成很好的朋友，過年時，還會特別帶伴手禮去

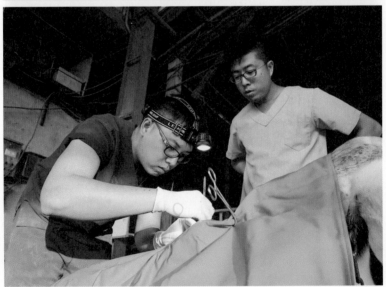

牧場並不輕易對外開放，就像當年恩師不吝帶他進
入牧場累積經驗，龔建嘉如今也大方傳承經驗，希
望為台灣的酪農業培養優秀的獸醫新血。

拜年，酪農跟龔建嘉聊天時，也經常提起這位學生。

牧場作息緊湊，接待實習生，其實是額外的負擔。龔建嘉很慶幸，很多參與實習計畫的酪農認同他的理念，願意給年輕人機會。

有位台大獸醫系的學生完成在南部牧場的實習後，決定成為大動物獸醫。因為他人住在北部，龔建嘉介紹他到一家北部的牧場工作。到職後，這位年輕人發現自己所學仍不足應付現場實務，酪農便決定支持他到屏科大繼續進修，不但繼續付薪資，連學費都幫忙出，慷慨栽培大動物獸醫新血，讓龔建嘉十分感動。

每年的牧場實習計畫，從事先發布消息、進行面試、尋找配合的牧場、安排住宿，到關心學生的實習狀況，解決疑難雜症，實習結束收集心得，鮮乳坊在每一個環節都投入了不少時間、人力、資源。

張庭瑄舉例，即使龔建嘉再忙，也會親自跟學生面試，一場面試至少十五分鐘，總計要花上五、六個鐘頭，更不用說安排實習牧場時，要經過很多溝通協調，用大費周章來形容，也不為過。然而，學生完成實習後，即使當了大動物獸醫，也未必在鮮乳坊合作的牧場服務。如果只是為了鮮乳坊自身的利益著想，大可不必這麼做。

不過，龔建嘉在乎的是產業的永續發展，只要能夠促成更多新生代獸醫投入產業，牧場實習計畫就會繼續辦下去。

根據張庭瑄的統計，到二〇二〇年為止，參與鮮乳坊牧場實習計畫的學生，大約有六十位，已畢業的占三成，實際成為大動物獸醫的，則有三、四位，看起來不是很多，但是對照原有的大動物獸醫人數（二、三十位），已經是很不錯的成績。

「不論這些實習生未來做出什麼選擇，如果在牧場實習後，他們願意思考另一種可能，我們的付出就有價值了，」張庭瑄說。

二〇二一年，原本有十五名學生申請牧場實習，受到疫情影響，能否開辦充滿了變數，仍有七位學生表示願意等待，最後鮮乳坊也排除萬難，兩位安排在豐樂牧場，其他幾位則跟著第一線的臨床獸醫（包括龔建嘉）跑，以變通的方式，完成了牧場實習計畫。

鮮乳坊不僅協助牧場養牛，也為產業孕育人才。當這些獸醫新血成為產業的生力軍，乳牛會獲得更好的照顧，生產高品質的牛奶，未來台灣牛奶產業才有實力跟低價進口奶背水一戰。

Chapter (31)

食農教育，
找回人與土地的連結

熾紅的花海一路向遠方延伸，在雲林縣崙背鄉知名的「豐榮木棉花道」旁，有一間百年小學。

創立於一九二一年，豐榮國小是不折不扣的偏鄉小校，全校學生不到百名，四成以上來自單親、隔代教養、新移民等弱勢家庭，平時對孩子疏於照顧，學生沒有生活自理能力，加上學習資源匱乏，對自己更是沒有信心。

教導主任葉雅菁從二○○五年起，開始在豐榮國小任職。她仍記得，當年報到時，眼前一片荒蕪蒼涼，學校旁還有一片墓園，想到自己的教職生涯，竟要從這個偏僻昏暗的地方開始，葉雅菁沮喪得掉下了眼淚。

如今，豐榮國小已改頭換面。走進校門，迎面而來，是各種裝置藝術，色彩鮮豔繽紛，不少是以乳牛為主題，將校園點綴得生趣盎然。

伴隨著多彩的學習環境，豐榮國小所推動的特色課程，以「食農教育」

為主軸，透過「農藝」、「工藝」、「廚藝」三大面向，為偏鄉學童找回活力和希望。

「一開始，初衷很簡單，就是建立學生的生活自理能力，」葉雅菁透露，由於家長不是務農，就是打零工，孩子的三餐通常都是靠外食解決，長期攝取高油、高鹽、多糖的飲食，對健康造成極大的威脅。

因此，為了推動健康飲食，校方先從培養學生的廚藝著手，之後呼應雲林縣政府的教育政策，教學生種豆、種蔬菜、種水果，體驗並記錄食物從土地到餐桌的歷程，除了讓孩子認識無毒有機農耕，也體認農業對家鄉的珍貴意義。

崙背鄉是全台第二大酪農專區，僅次於台南柳營，然而，豐榮國小初期並沒有將酪農納入食農教育的課程中，葉雅菁坦言，可能是因為校內的老師多半是外地人，對於在地的了解還是不夠深入。隨著課程朝「聚焦社區特色、結合產業發展」持續深化，老師們才發現學校附近有座許慶良牧場，開始帶著學生參訪牧場，與酪農交流，了解在地的產業。

豐榮國小位於 154 縣道旁，舊地名為貓兒干，特色課程便取名為「154 貓兒干，酩香豐食尚」，內容琳琅滿目，包括種植玉米（乳牛的飼料來源之

一）、用牛奶做科學實驗、編寫酪農百科、拍酪農紀錄片、認識世界各國的酪農業，最終希望培養出孩子行銷家鄉的能力。

走訪牧場是跟酪農產業接軌的第一步。學生們來到許慶良牧場，扮演小記者，從如何餵養乳牛，到採集的生乳如何保存、運送、提出各種問題，牧場第二代接班人許東森都耐心解答。透過這樣的體驗，學生不但跟家鄉的連結更深，甚至還觸動了對未來職涯的想像。

有名學生原生家庭功能不彰，由叔叔帶大，本身不愛念書，還帶了點江湖味，老師們都有點擔心他。「參觀牧場那一天，東森叔叔展示了一顆乳牛的牙齒，這個孩子的眼睛立刻亮了起來，我從來沒見過他這樣的眼神，」葉雅菁回憶，學生對乳牛產生了興趣，表示他也想從事照顧牛隻的工作，許東森告訴他：「那你可以去當獸醫啊！」

或許有一天，因為一趟牧場之行，點燃了學習的熱情，崙背鄉會出現一位在地長大的大動物獸醫。

某次上網查資料時，葉雅菁看到了龔建嘉的相關報導，認為可以為學生帶來啟發，就大膽打電話聯絡，約他到豐榮國小演講，龔建嘉很爽快答應了。後來才發現，龔建嘉就是許慶良牧場的獸醫，豐榮國小跟鮮乳坊之間

的連結，就這麼建立起來。

土生土長的孩子，找到自信和夢想

創立鮮乳坊之後，龔建嘉做過不少演講，到豐榮國小，對著一群小學生演講，倒是他生平第一遭。

龔建嘉得知有學生參觀牧場後，對於成為乳牛醫師有很大的興趣，當天他就特意穿上藍色獸醫工作服，戴著檢查乳牛直腸用的透明手套，「以崙背獸醫最常出現的樣子，讓小朋友了解原來自己生活的家鄉，有著這樣的產業鏈和職業，並供應全台灣高品質的鮮乳，」龔建嘉強調：「希望讓小朋友感受到崙背是一個值得驕傲的地方。」

有位雲林在地電視台的記者知道有這場活動，即使那一天是他的休假日，仍帶著攝影機來拍攝，演講之後，還訪問了多位學生，讓他們對著鏡頭分享自己的心得。這位記者本身是雲林人，他選擇回鄉工作，初衷就是為了讓家鄉被看見。龔建嘉看著他跟孩子們做訪談，心中充滿了感動，很慶幸這塊土地上，有著很多關懷家鄉的人。

一個來自天龍國的獸醫，讓酪農區土生土長的孩子
更加了解這塊土地，找到自信和夢想。

資源分配不均一向是龔建嘉關注的議題。他從台北來到雲林定居，可以清楚感受在地的孩子，學習資源遠不如都會小孩，然而，還是有葉雅菁這樣的熱血老師，願意帶著學生從環境探索中，尋找夢想的機會，當孩子們認識了自己的家鄉，認同這片土地的文化和價值，長大之後，就會像那位記者一樣，願意留在家鄉打拚。

近年來，地方創生的風潮方興未艾，許多有志者推動地域活化的過程中，遇到的難題之一，就是地方缺乏工作機會。在龔建嘉眼裡，「讓對的地方，留下適合的產業」，不但是地方創生的重要精神，更是有效解方之一。將原本就發展成熟的乳品產業發揚光大，必能吸引更多年輕人才願意返鄉落地生根，為地方帶來希望。

從那次演講之後，葉雅菁陸陸續續又邀請龔建嘉演講了好幾次，即使工作再忙，龔建嘉也會排出時間，來豐榮國小跟學生交流。二○二○年，豐榮國小跟崙背鄉合作，以酪農課程為主題，參加了四健會（農村青年組織）競賽，葉雅菁也找來龔建嘉和許慶良牧場從旁指導。

共有五名學生代表參加競賽，根據「牧場參觀」、「跟龔建嘉哥哥的經驗交流」、「用牛奶做起司」、「學習心得」四部分，輪番上陣進行發表。

學生們用心準備了許多素材，比方說，介紹牧場時，就展示防踢器、擠乳器、牛舍電風扇、飼料攪拌器等牧場設備的照片，甚至還帶了一塊礦鹽（可為乳牛補充礦物質）到現場。

另有一個段落是介紹龔建嘉的大動物獸醫工作，也有鮮乳坊提供的「直腸觸枕」做為道具，示範如何為乳牛觸診。

由於發表內容中，有酪農、獸醫的專業，就會找龔建嘉和許東森一起參加排練，除了確認內容的正確性，也是幫孩子加油打氣。

最後，豐榮國小拿下了雲林縣農會四健會競賽全縣第一名，在全國也拿到了三等獎的肯定，這座偏鄉小校跟在地的酪農產業連結上了，開始發光發熱。

食農教育，就是透過食物，找回人與土地的連結。

人如其食，做正確的選擇

龔建嘉是食農教育的推手。他經常受邀到學校、企業演講，每年近百場的演講中，大約有六成是以食農教育為主題。

台灣的食農教育，參考自日本的「食育」。二〇〇五年日本頒布了「食育基本法」，以家庭、學校、地域等為單位，加強民眾對食物營養、食品安全的認識，以及食文化的傳承、與環境的調和、對食物的感恩之心，並希望能透過食育相關的環境教育，增加農民自信心，吸引年輕世代投入農業生產行列。

食農教育的推廣，經常是透過「體驗」，對象是以學童居多。不過，襲建嘉對食農教育的詮釋，則是聚焦在在「建立選擇食物的基本知識」。

「如何選擇食物，才能真正滿足個人營養上的需求，而且對得起環境、對得起土地？食農教育就是教我們如何做出正確的選擇。」

過去沒有食農教育，消費者選擇食物時，很少會關心食物是如何生產出來，而生產過程中又付出了多少環境成本。因為缺乏消費者的監督，製造商也不將生產過程公開透明，可能就衍生出食安、環安等問題。

舉例來說，很多人不知道，自己所食用的雞蛋，大多來自「格子籠」的飼牧場。A4紙張大小的籠子裡，塞進二到四隻蛋雞。因為空間狹小，母雞們動彈不得，更不要說張開翅膀，梳理羽翼，清除身上的羽蝨。雞農解決蟲害的方式，就是採用「芬普尼」等藥物，導致雞蛋遭到污染，釀成「毒

雞蛋」危機。

龔建嘉很認同「消費是對你想要的世界投下一票」，前提是消費者必須具備產地溯源、公平交易等觀念，了解自己的消費，對產業所傳遞的訊息，讓負責任的消費，帶動負責任的生產。

鮮乳坊除了跟酪農合作，提供消費者高品質的牛奶，同時也扮演「教育者」的角色，把牛奶的生產過程，帶進消費者的視角中，正是一種食農教育的實踐。

二○一八年，知名連鎖超市家樂福推動「食物轉型計畫」，以「為食物把關」為訴求，帶消費者認識優質的產品。龔建嘉曾經跟家樂福文教基金會執行長蘇小真，在社會企業相關活動中，數次同台，得知有此計畫後，就主動向家樂福提案。許慶良鮮乳就是透過「食物轉型計畫」，正式在家樂福上架。

產品上市後，家樂福更在各賣場利用獨立的許慶良鮮乳櫃位、小電視播放相關影片、大看板文宣等行銷資源，拉近酪農和消費者之間的距離。在想要一起為食農教育努力的共識下，家樂福更支持鮮乳坊在店內執行各式各樣的活動，包括親子講座、在特定店內舉辦擠乳體驗等，而龔建嘉也獲

邀跟家樂福的店長們分享一瓶鮮乳背後的議題，召喚更多人一起為食農教育扎根。

在這個數位科技發達的時代，龔建嘉也以數位思維來思考乳品業的未來。他用 iPhone 手機來形容，不論新機上市再轟動，總是會出現機能更好的下一代，他相信，即使是歷史悠久的乳品業，也能不斷進化，變得愈來愈好。「未來的農產品，會更環保、更人道、更人文、更安心。而什麼是農產品的未來？更營養、更分眾、更跨界、更創新。」

鮮乳坊是家年輕的乳品公司，規模不大，卻懷抱著遠大的願景。不論是從牧場落實動物福利、培育大動物獸醫人才，或是向消費者推廣食農教育、責任消費，甚至是提倡莊園鮮乳，提升牛奶的價值，都是在推動產業升級，讓台灣所生產的牛奶，未來仍然能持續滋養著這塊土地上的人們。

尾聲

另一種選擇的影響力

這是變化多端的時代，也是應變勝出的時代。

Covid-19疫情持續發燒，全台進入警戒，在各方面都對鮮乳坊造成衝擊，而鮮乳坊也迅速做出了應變措施。

首先是牧場。台灣的酪農多半是家庭經營，跟外人接觸機會少，還能繼續運作。不過，乳牛的飼料有一半仰賴進口，疫情影響了全球航運，原物料價格上漲三成，酪農的飼養成本也跟著飆高，甚至有斷糧的危機。鮮乳坊除了協助酪農備料，也透過營養師提供不同的配方，讓酪農可以應用。

其次是通路。咖啡店、飲料店、烘焙店，向來是鮮乳坊重要的業務通路，受到疫情影響，面臨了生存危機，鮮乳坊共體時艱，除了改變叫貨規

則，一瓶鮮奶也送，連物流費用也一併吸收，力挺合作店家度過難關。至於做上班族外帶生意的路易莎、大苑子，鮮乳坊也鼓勵強化鮮乳販售的服務，減緩「在家上班」導致的業績下滑。

另外，考慮到消費者外出採買不易，鮮乳坊趁勢推出了「好農蔬果箱」，從動物福利雞蛋，到有生產履歷的蔬菜、水果，每一樣都是可安心溯源的農產品，用自家物流車隊配送，在疫情中為消費者把關健康。

鮮乳坊的企業文化，是以信任做為基礎，夥伴即使在家上班，對工作仍全力以赴，反而是公司擔心每個人線上會議變多，工作時間反而更長，除了提醒大家要報加班，並經常寄出各種食品、營養品來慰勞夥伴。

變局中，鮮乳坊撐起了一把「共好」的大傘，為酪農、通路、消費者、團隊，提供各種解決方案。事實上，這也是鮮乳坊創辦以來，一直努力在做的事。

食安風暴後，龔建嘉看到了產業改革的契機。鮮乳坊以「自己的牛奶自己救」為訴求，獲得社會大眾的支持。這家由大動物獸醫成立的牛奶公司，不走傳統乳品企業營運的模式，甚至翻轉了業界的遊戲規則。話題熱度消退後，鮮乳坊懷抱理想能夠走多遠，整個產業都在看。

根據統計，新創企業只有百分之一，能夠活過第五年。如今，鮮乳坊已經穩穩走過了第六年，證明了有理想的企業，一樣能生存下來。

每一個看似微不足道的改變

「直到現在為止，鮮乳坊的每一天都超過我的預期，」龔建嘉有感而發。

他創立鮮乳坊，起始點其實很簡單，就是提供酪農、消費者「另一種選擇」。隨著合作的牧場從一家增加到六家，鮮乳坊在各大通路的能見度攀升，獲得愈來愈多消費者的支持，「另一種選擇」已逐漸形成了影響力。

龔建嘉原本擔憂大動物獸醫在台灣將走向凋零。他透過鮮乳坊彰顯「獸醫把關」的價值，推動牧場實習計畫吸引人才，向來以培養狗貓獸醫為主的台大獸醫系也開始注意到「另一種選擇」。二〇二一年的實習計畫，就有三分之一的投件來自台大獸醫系，占了最大的比例。

鮮乳坊所做的，就是帶起這些小小的改變，每個改變看似微不足道，其實都讓他們所在意的人、事、物變得更好一點。

從創立第一年，鮮乳坊就一直摸索如何成為一家更好的公司，因此開始

主動參與各種外部機構的認證。龔建嘉和其他兩位創辦人，都沒有太多企業管理的經驗，他們希望透過完成這些認證的指標，找出經營者真正該追求的事。

鮮乳坊先是在二〇一六年通過自律聯盟審核登錄為社會企業，對於公司存在的目的和意義，有了更清楚的釐清。二〇一八年底，鮮乳坊獲得英國SROI（Social Return On Investment，國際社會價值學會）認證，這是一套將社會影響力透過財務代理指數「量化」的評估工具，經過準則計算後，鮮乳坊每投資一元，就能產生四·〇五元的社會影響力。

二〇二〇年底，鮮乳坊通過了公司治理、夥伴照顧、環境友善、社區發展、客戶影響力等五大面向的全面檢視，拿到了「B型企業」的認證。B型企業追求共享價值的最大化為目標，「獲利」不再是定義企業成功的唯一指標，給了龔建嘉不少啟發。

「我們自己把B型企業的精神，轉譯為『把共同利益最佳化』，也就是把各個面向的利害相關人，包含乳牛、酪農、消費者、通路、工作夥伴與股東，全都考量進去的共好思維，」龔建嘉解釋。

初生之犢不畏虎，龔建嘉和他的鮮乳坊團隊展現無比的勇氣，一點一滴扭轉了乳品產業的不公平。

Better Together

經營一家企業，經常得在理想和現實中做出選擇，鮮乳坊比其他乳品公司，承擔了更多社會信任，更必須戰戰兢兢面對各種考驗，至於紐經濟合作協定將對酪農業造成的衝擊，鮮乳坊接下來要走的路，以及未來台上用混合乳源但做農民概念包裝的「假小農」充斥，依然充滿挑戰。

龔建嘉常常對鮮乳坊團隊說：「不要在改變世界之前，先被世界改變。」

與其說是提醒夥伴，更多時候他是在提醒自己，因為創業過程中的起起伏伏，容易讓人迷失，他必須時時刻刻莫忘初衷。

鮮乳坊其實是品牌名，這家公司登記的名字是「慕渴」，除了是牛奶英文的諧音，這兩個字翻轉過來是「渴慕」，貼在鮮乳坊公司一入門口的牆上，呼應了《聖經》上的一段文字，「就要渴慕那純淨的靈奶，像才生的嬰孩愛慕奶一樣，叫你們因此漸長，以致得救」在那段經文中，牛奶象徵了上帝的愛。「愛，是唯一的添加」是龔建嘉在 TED×Taipei 認識的好朋友火星爺爺幫鮮乳坊下的注解，無論是支持酪農、協助通路、為消費者把關、照顧團隊，鮮乳坊的「共好」，就是從行動開始，點點滴滴，全都是愛。

後記

這是一瓶有故事的鮮乳

接近早上九點，我抵達雲林高鐵站。阿嘉在閘口等我，像是《愛麗絲夢遊仙境》（Alice's Adventures in Wonderland）裡的白兔先生，帶領我進入一個陌生的世界。

我必須坦承，在接下這本書之前，我並不認識鮮乳坊。做為消費者，我是典型的天龍國人，手不沾泥，腳不下田。當我需要鮮奶，會去距離最近的超商，挑選架上價格最便宜的品牌。

我對手上的鮮奶是怎麼來的，並不關心。「只不過是一瓶鮮乳，每個品牌應該都差不多吧？」心底的聲音這樣告訴我。

後來我才發現，其實不一樣。而且，非常不一樣。

還是先回到高鐵站的閘口。我跟阿嘉碰面後，旋即展開了三天兩夜的採訪行程。阿嘉已經為我規劃好了——我們會去拜訪芒果咖啡、參加酪農的聚餐、牧場的月會。我會採訪牧場管理規劃師，以及在地從事食農教育的老師。

整趟旅程中，有很多讓我記憶深刻的畫面。

我記得在那溫暖、瀰漫著「家庭感」的芒果咖啡，男主人廖思為透露，他如何為咖啡尋找最適合的牛奶；我記得在酪農聚餐時，幸運兒牧場的陳界全、吳碧莉夫婦就坐在我對面，當大嫂大方分享他們的戀愛史時，大哥只是憨憨微笑；我記得走在豐榮國小繽紛的校園裡，葉雅菁老師描述如何把在地酪農業，結合學校的食農教育，建立孩子們對家鄉的認同感時，她臉上欣慰的表情。

還有一段特別的插曲，並不在原來排定的行程中。

那是第二天的中午，結束了嘉明牧場的會議，阿嘉載著我去雲林鎮上吃午飯。車開到一個路口，他突然停下來，說要買咖啡。在路邊一間租書店前，有一個小小的木製攤車，寫著「牧羊人手工咖啡」，狹窄的空間除了擺

滿沖咖啡的器材，最顯眼的就是鮮乳坊的乳牛立牌。

阿嘉向我介紹，年輕的老闆平時在加油站還有份工作，賣手工咖啡主要是興趣。價目表看起來很親民，單品咖啡都在百元以下，但是老闆選豆講究，牛奶也只用成本比較高的鮮乳坊。

站在塵埃飛揚的馬路邊，承受著日曬雨淋，賣著絕對不可能賺大錢的手工咖啡，這位年輕的「牧羊人」還是有那麼多品質的堅持，初衷可能只是認為，在地鄉親值得喝到一杯好咖啡。

很多事情的起心動念，或許單純出於善意，就像是阿嘉相信，酪農值得更好待遇，消費者值得更好的產品，他就出來開了一家牛奶公司。

回到台北，我想起這趟旅程中所遇到各種不同的人，他們來自不同的生命背景，卻有一個共通之處，就是有所堅持。大家原本有各自的軌道，毫不相干，卻因為一瓶鮮奶，生命有了交集。

隨著採訪不斷的開展，遇到更多有所堅持的人，我逐漸意識到，自己不只是在寫一家牛奶公司，也在寫這場牛奶革命中的「眾生相」，除了鮮乳坊三名優秀的創辦人，還有用心養牛的酪農、有理念的通路、熱情的消費者，以及一群有著戰鬥魂的團隊，一起加入改革的行列，才能推動台灣的

乳品產業有所改變。

當我發現，一瓶牛奶背後，可以放射出這麼多人與人之間的連結，面對架上眾多的鮮奶品牌，我知道該怎麼選擇。除了鮮奶，我也想去了解其他食物是怎麼來到我的手上，多少人參與了這個過程。我成為跟之前不一樣的消費者，這是我用消費表達我對這個世界的意見。我願意支持「好農」，在鮮乳坊這個「wonderland」走過一遭後，最大的收穫。

如果我的收穫，能夠帶給讀者一些啟發，就是這本書的價值所在。最後，除了感謝每一位受訪者，還有一個「內幕」，值得記下。

這本書在二〇一七年八月就開始動工，經歷兩任作者，始終無法順利問世，原本可能從此胎死腹中。因為編輯依蒔鍥而不捨，促成我在二〇二一年年初，有機會參與這本書的撰寫。當我將第一版的書稿寄給依蒔時，她感嘆：「等待了1496天，終於等到了。」

我問：「為什麼妳這麼堅持要讓這本書出版？」她的回答，正是我經歷十萬多字的搏鬥後，真真切切的感受：「因為鮮乳坊的故事，值得被更多人知道。」

財經企管 BCB750

做一件只有你能做的事
從一個人到一群人，鮮乳坊用一瓶牛奶改變一個產業

口述 —— 龔建嘉、林曉灣、郭哲佑等人
作者 —— 謝其濬

總編輯 —— 吳佩穎
副總編輯 —— 黃安妮
責任編輯 —— 李依蒔、黃筱涵
封面設計 —— Ayen Chen
內頁設計 —— Bianco Tsai
內頁照片 —— 鮮乳坊提供

出版者 —— 遠見天下文化出版股份有限公司
創辦人 —— 高希均、王力行
遠見・天下文化　事業群董事長 —— 高希均
事業群發行人／CEO —— 王力行
天下文化社長 —— 林天來
天下文化總經理 —— 林芳燕
國際事務開發部兼版權中心總監 —— 潘欣
法律顧問 —— 理律法律事務所陳長文律師
著作權顧問 —— 魏啟翔律師
社址 —— 台北市 104 松江路 93 巷 1 號
讀者服務專線 ——（02）2662-0012｜傳真 ——（02）2662-0007；2662-0009
電子郵件信箱 —— cwpc@cwgv.com.tw
直接郵撥帳號 —— 1326703-6 號　遠見天下文化出版股份有限公司

電腦排版 —— 立全電腦印前排版有限公司
製版廠 —— 中原造像股份有限公司
印刷廠 —— 中原造像股份有限公司
裝訂廠 —— 中原造像股份有限公司
登記證 —— 局版台業字第 2517 號
總經銷 —— 大和書報圖書股份有限公司｜電話 ——（02)8990-2588
出版日期 —— 2022 年 1 月 3 日第一版第 1 次印行

定價 —— NT 480 元
ISBN —— 978-986-525-379-0
EISBN —— 9789865253813 (EPUB)；9789865253837 (PDF)
書號 —— BCB750
天下文化官網 —— bookzone.cwgv.com.tw

國家圖書館出版品預行編目(CIP)資料

做一件只有你能做的事：從一個人到一群人，鮮乳坊用一瓶牛奶改變一個產業 /謝其濬著. -- 第一版. -- 臺北市：遠見天下文化出版股份有限公司, 2022.01
　　面；　公分. -- (財經企管；BCB750)

ISBN 978-986-525-379-0(平裝)

1.龔建嘉 2.酪農業 3.農業經營 4.傳記

437.314　　　　　　　　　　110018811